情绪管理
成就更好的
自己

李长虹◎著

吉林大学出版社

·长春·

图书在版编目（CIP）数据

情绪管理成就更好的自己 / 李长虹著 .—长春：
吉林大学出版社，2021.10
ISBN 978-7-5692-9028-8

Ⅰ.①情… Ⅱ.①李… Ⅲ.①情绪－自我控制 Ⅳ.
① B842.6

中国版本图书馆 CIP 数据核字（2021）第 212145 号

书　　名　情绪管理成就更好的自己
　　　　　QINGXU GUANLI CHENGJIU GENGHAO DE ZIJI

作　　者　李长虹　著
策划编辑　代红梅
责任编辑　代红梅
责任校对　刘　丹
装帧设计　刘红刚
出版发行　吉林大学出版社
社　　址　长春市人民大街 4059 号
邮政编码　130021
发行电话　0431-89580028/29/21
网　　址　http://www.jlup.com.cn
电子邮箱　jldxcbs@sina.com
印　　刷　三河市德贤弘印务有限公司
开　　本　787mm×1092mm　1/16
印　　张　14
字　　数　160 千字
版　　次　2022 年 3 月　第 1 版
印　　次　2022 年 3 月　第 1 次
书　　号　ISBN 978-7-5692-9028-8
定　　价　56.00 元

前　言

　　相信每个人都有过这样的经历：得到了想要的东西或者收获了成功时会开心不已，被人冒犯时会非常愤怒，遭遇了挫折和困难时会烦恼沮丧，和亲朋好友离别时会痛苦悲伤，做错了事情时会惭愧难当……喜怒哀乐之情、羡慕嫉妒之意，每天都要在我们身上上演几遍，各种或普通，或微妙的情绪时刻伴随在我们身边，影响着我们的心绪，左右着我们的行为。

　　积极的情绪，如快乐、热情、放松等，能让我们遇事从容，笑对人生；消极的情绪，如紧张、愤怒、憎恨等，则会让我们身心疲惫，生活一团糟糕。情绪是不会消失的，情绪所产生的影响也是客观存在的，我们要做的就是摆脱情绪的控制，学会管理情绪，成为情绪的主人，从而掌握自己的人生，迎接美好的生活。

　　本书就是以情绪管理为焦点，旨在帮助人们学会更好地管理自己的情绪，进而成就更好的自己。本书首先带你全面了解时刻伴随你左右的情绪，让你深入地认识情绪的本质；然后带你认识消极情绪，并教你学会如何不被情绪控制；接着帮你强大自我，让你成为情绪的主人，摆脱情绪勒索；最后助你练就阳光心态，轻松驾驭情绪。

本书没有深奥概念的罗列，也没有枯燥的理论说教，有的只是清丽的语言、生动的故事和强大的力量。娓娓道来的语录、鲜活且富有启迪作用的故事，能够让每一位读者收获能量，学会掌控情绪，变得达观积极，也能够帮助每一位读者造就更好的自己，成就美好人生！

拒做情绪的俘虏，争做情绪的主人；你的情绪由你来做主，你的人生由你来掌控。

作　者
2021 年 7 月

目 录

第一章

认识时刻伴随我们的情绪 / 001

第二章

控制情绪还是被情绪控制 / 033

第三章

优秀的你应该做情绪的主人 / 069

第四章

聪明的你要学会摆脱情绪勒索 / 105

第五章

第六章

第一章

认识时刻伴随
我们的情绪

生活中的每一个人，都有或多或少、或大或小的情绪，也可以说，在这个世界上，不存在缺乏情绪反应的人。我们高兴时，会露出幸福的笑容，内心里面也充满了愉悦的情感；我们伤心时，会默默垂泪、号啕大哭，种种不愉快的感受不一而足。而这一切，都是我们自身情绪的体现。

　　显然，情绪就是人们对外部人或事物的主观感受与体验，并反映在面部或肢体上的种种外在行为或表情的变化。从深层次来说，人类自身所有的苦乐喜悲，都可以归纳到情绪的范畴之中。接下来就来认识一下时刻伴随我们的情绪。

情绪管理成就更好的自己

你真的了解"情绪"吗

情绪究竟是什么

对于在现实生活中的每一个个体来说，情绪真的是一个非常奇妙的东西。每一天，我们都或许要经历无数次情绪的变化。比如，得到了上司的表扬，单位突然间发了上半年的奖金，积压已久的任务终于宣告完成……凡此种种，如同幸运女神降临了一般，都会让我们产生喜悦、愉快、兴奋的情绪感受。

但反过来，如果和喜欢的人约会没有成功；新买的汽车不知道何时被刮，蹭掉了一层油漆；甚至是走路时，不小心摔了一跤，狼狈不堪……所有这些，都会让我们产生郁闷、愤怒、憋屈的情绪感受，认为今天真是一个倒霉的日子，有一种被全世界抛弃的感觉。

由此可见，每个人的身上都会有这样或那样的情绪，每一天的不同时段，情绪也因外界环境的影响，在悄然地发生着微妙的变化。我们的内心深处，无时无刻不在和情绪"打着交道"。

虽然我们能经常感受到自我的情绪变化，但又对情绪本身缺乏足够的了解，很难真正达到"知己知彼"的程度。如果要问情绪是什么？人们往往会一头雾水，不知该如何回答。换句话说，大多数人对情绪的本质、来源、产生机理、分类、功能等方面都知之甚少。

自然，想要了解情绪，就必然要先去了解情绪是如何产生的，即弄清楚情绪的来源是关键。

那么，情绪究竟是什么呢？简单地说，情绪是人们对外界客观事物的一种态度体验。举个常见的例子，这个月我们的业绩非常优秀，领导一高兴，直接大幅度提高了奖金比例，拿着不菲的业绩奖励，我们的内心是不是乐滋滋、甜蜜蜜的呢？

同理，忙碌了一天返回家中，费心费力为另一半准备了丰盛的晚餐，原本指望能够得到对方的一番赞美和夸奖，谁知却换来对方紧皱的眉头和抱怨："这几个菜，不是咸了就是淡了，实在是没胃口，不吃了。"短短的一句否定，让我们满怀期待的心情一下子跌落谷底。

显然，这种对外界客观事物的态度体验，就是我们平时口中常说的"情绪"了。符合自我要求的态度体验，能够带给我们愉悦的心理感受；而背离我们期望值的态度体验，会让我们的心情变得格外糟糕。从这个意义上讲，情绪的本质内涵，就在于外界客观事物带给我

情绪管理成就更好的自己

们的主观感受，其产生的根源，也正在于客观事物的本身。

如果非要更深入地去解释的话，那就是外界客观事物的发展变化映射到我们的大脑皮层，通过神经系统的逐步传导，一步步影响我们心情的变化，由此就出现了诸多或积极或消极的态度体验，即产生了情绪。

情绪的分类、有趣的表现方式和益处

需要我们明白的是，外界的客观事物之所以能够影响我们的态度体验和情感变化，其中非常关键的一个因素就在于，外界客观事物的发展变化和我们自身的利益之间，存在着紧密的联系。

例如，当办公桌上一个好看的杯子掉在地上时，假如杯子不是属于自己所有，我们至多只会被杯子的掉落声音吓一跳，尔后继续若无其事地沉浸在工作之中；反过来，如果杯子是我们自己的心爱之物，此时眼睁睁地看着它"粉身碎骨"，我们的情绪自然就很难再淡定了。

所以说，情绪虽小，里面却蕴含着很深的学问，至少从情绪的分类来看，就足以让我们对情绪"刮目相看"，直呼情绪是我们身边"最熟悉的陌生对象"。

举例来说，我们人类都有共同的、最基本的情绪表现，即喜、怒、哀、惧四个方面。对于任何一个正常人来说，这四种情绪表现都是与生俱来的内在情感的外在折射，无须经过后天的培养与学习，因此有人将这四种情绪称为基本情绪。

在基本情绪之外，和其相对的，自然就是复合情绪了。简单来说，复合情绪是四种基本情绪的"排列组合"，当我们在生活中遇到一些莫名其妙、哭笑不得的事情时，脸上这种似哭似笑、似愤怒而又无可奈何的丰富表情，正是复合情绪的外在体现。

更有意思的是，情绪不单单是我们个体内心的感受，在外在上，它还会通过多种方式，让周围的人明白我们情绪的变化过程。

方式一：微妙的面部表情。

当我们的情绪状态发生微妙的变化时，我们的眼部肌肉、脸颊肌肉、嘴部肌肉都会通过相应的调整，来表达出复杂的情绪变化状态。

以眼部肌肉来说，眉开眼笑，代表着高兴；怒目圆睁，是愤怒的体现；目瞪口呆，则表达着惊惧或惊疑的情绪。

嘴部肌肉自然也不甘"落后"，无论是"咬牙切齿"还是"张口结舌"，都能让身边人察觉出我们的情绪变化。

方式二：身体"表情"和手势"表情"的大幅度调整。

遇到搞笑的事情时我们会"捧腹大笑"；面对恐惧时我们会"坐立不安"；高度紧张时会"手足无措"等等。诸如此类，都是当我们的情绪状态发生大的改变时，身体或手势也相应地做出了改变与调整。

方式三：不同的语气或语调。

这一点比较好理解。舒缓、轻松的语调，代表我们内心愉悦、平和的情绪状态；尖锐、急促的语调，反映出我们惊恐、畏惧的情绪状态，让人一听便知。

也许有人会问，人类为何会衍生出情绪这一产物呢？其实原因就在于，情绪的存在能够让人类自身从中受到莫大的益处。

益处一：情绪适应生存的功用。

一个人在受到外界的伤害时，本能地会发出呼救声，显然这就是情绪适应生存的重要体现。有了恐惧的情绪，我们才会向外界寻求帮助，从而获得必要的救援。

同理，当我们在人际交往中，时时露出真诚温暖的微笑，会让人从中感受到我们的友好，有助于良好人际关系的建立。

益处二：情绪的动机功用。

生活中，一个处于适度兴奋状态中的人，完成工作的效率会得到极大的提升；同样，适度的紧张或焦虑，会促使我们快速地调动脑细胞去思考和解决问题。所有这些，都是情绪动机功能的体现，它以"信号素"的方式，不断地激发人的潜在效能。

益处三：情绪的社会功用。

情绪表达可以成为人与人之间无声的情感交流方式，有时还能起到"无声胜有声"的良好效果。我们的一个微笑，就能拉近和陌生人之间的距离；我们行为粗鲁傲慢，便会使人避而远之，从中不难看出，情绪的社会功用不可小觑。

情绪也是有周期性变化的

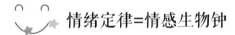 情绪定律=情感生物钟

情绪非常奇妙，外界客观事物的细微变动，都会使情绪也随之发生变化。以颜色对情绪的影响为例，相关情绪研究表明，黄色能让人精神振奋；红色，令人兴奋；灰色，易使人们的情绪变得压抑；淡蓝色，则让人有一种清爽的感受，情绪也会变得平和起来。

情绪也非常有趣，其有趣的地方表现在情绪竟然也有一个周期性变化的规律。在学者眼中，情绪的周期性变化规律被称作"情绪定律"，或者也可以叫作"情感生物钟"。

对于情绪的周期性变化规律，很多人都不甚了解，他们在听到这一名词时，往往会露出惊讶的神色："怎么连情绪都会有周期性的变化规律呢？这也太不可思议了吧，我可是一点感觉都没有。"

其实我们并非一点感觉都没有，只是因为在繁忙的工作或学习中，我们忽视了对自身情绪周期性变化规律的审视。

仔细回想我们的情绪变化过程，假定以一个月为周期，是不是在这一月的时间之内，我们一直处于快乐、高兴的良好情绪之中呢？

显然不是。没有人能够一直被良好的情绪所包围，很多时候，不要说一月之中了，就是一天之内，我们都会有情绪上轻微或剧烈的波动，前一秒还心情舒畅，后一秒就可能会因为烦心事而雷霆大怒。比如，有一些上班族，白天精神抖擞，干劲十足，然而一到晚上，当面对虚无的黑暗时，心情往往会变得失落空虚，对人生的奋斗目标感到迷茫。

种种事实都充分表明，情绪是有周期性的变化规律的，而且既然被学者冠以"规律"的名号，从其本质上看，也是一种不以个人意志为转移的客观存在。在我们承认情绪规律性变化的同时，难免会生出这样的疑问：情绪周期性变化规律的体现是什么？

实际上，情绪的强度、稳定性、偏好性以及效能性等各个方面，会随着时间的变化而呈现出周期性的改变，这就是情绪周期性规律的体现。

志辉是一名互联网公司的程序员，因为心情焦虑的问题，他寻找心理医生诊断治疗。在初步的询问了解之后，心理医生发现志辉的心情焦虑现象有一个规律性，每月月底的时候，志辉便会感到莫名的烦躁不安，伴随着这种负面情绪的影响，志辉整个人便坐卧不宁，心神不安，一度有了抑郁的倾向。

通过进一步查找病症的起因，心理医生发现，每月月底，志辉所在的公司都要开展对各个岗位上的程序员的绩效考核工作，在这一时间段内，志辉便会心情高度紧张，患得患失，担心自己的考核不过关，由此引发了他每逢月底就出现情绪大幅度波动的状况。

随着每月时间的变化，志辉的情绪就呈现周期性的波动。不仅是志辉，其实对于我们每一个人来说，情绪变化都好像被无形中的"一只大手"所操控，如人体的生物钟一般受到精准的控制，谁都难以逃脱"情绪周期性变化规律"的掌控。

情绪周期性变化因素分析

一般而言，生活处于相对稳定状态的人士，其情绪的周期性变化，是以一个月为分界线。在一个月之内，我们如果仔细审视自我，便会清晰地感知到，自我情绪的变化周期大约以 28 天为一个轮回，28 天之后，我们会重复上一个情绪变化周期的情感变化过程，从兴奋到平稳，从平稳到焦虑，直到一个新的月份开始，我们就会重新回归最初的状态。

当然，情绪周期性的变化不仅可以以一月为一个周期，它还可以以一天为一个周期。比如早上六七点，我们刚刚睡醒的时候，情绪相对比较低落；从白天正式工作开始到上午十点这一时间段内，我们的情绪或兴奋，或稳定；上午十点到十二点，情绪波动更加剧烈一些，也更容易兴奋；从十二点到下午两点，情绪又变得消沉低落起来；下午两点之后，和上午八点之后相同的是，自我情绪会重新燃起兴奋的火花；这种兴奋稳定了一个时间段之后，到了下午六点，情绪又低落起来；直到大约在晚上八点之后，情绪又会再次活跃兴奋起来。如此周而复始，在一天二十四个小时之内，情绪的周期性变化规律曲线已然非常明了了。

如果将情绪周期延长到一个人的整个生命周期之内，青少年是我们情绪的兴奋期；青年至中年，是我们的情绪稳定期；中年至老年，我们的情绪会降落到低谷；六十岁之后，看淡了荣辱成败，我们的情绪自然也会慢慢重新变得平稳起来。

从情绪周期性变化的规律之中不难看出，情绪的周期性规律，受我们个体的遗传因子、社会经历、工作情况、日常生活习惯、外部环境变化以及个人的身体状态等多种因素的复合影响，虽然其规律性的体现会有个体之间细微的差别，如掌控情绪能力强的人，情绪的周期性波动的幅度会小一些，不过从整体上看，人类自身的情绪变化规律的总趋势是大致相同的。

情绪具有传染性

奇妙的"蝴蝶效应"

在动力系统领域,"蝴蝶效应"理论广为人知。学者们在从事相关研究时发现,通过计算机模拟的运算显示,一只蝴蝶在巴西轻轻扇动翅膀,一个月之后,就有可能引发太平洋上的一场飓风。

巴西的蝴蝶和太平洋上的飓风,从表面上看,它们之间似乎是毫不相关的两种事物,然而通过动力系统的内在传递,使得两者之间建立起了一种微妙的关联行为。简单地说,蝴蝶扇动翅膀产生的动力,持续不断地"传导"下去,深深影响到了千里之外太平洋飓风的形成。

"蝴蝶效应"的理论告诉我们，世间万事万物都存在着一定的关联特性。同理，在人的情绪活动变化中，也有着特定的"关联传染效应"，在人与人之间交往的过程中，彼此的情绪可以相互传染。

一个人的情绪状态影响另一个人情绪变化的现象，在实际生活中比比皆是。比如，当我们遇到一个满脸笑容、快乐阳光的人时，他的这种积极向上的乐观情绪自然能轻松传染给我们，即使内心烦闷，但通过和对方相处，不快的阴霾也会一扫而空。

快乐的情绪可以相互传染，痛苦的情绪也能深深影响到身边的每一个人。当我们遇到一个极度悲伤的人放声大哭时，对方悲惨的际遇也会极大地感染到我们，在给予对方无限同情之后，我们自己也会随之感伤落泪，难以自抑。

正因如此，在很多时候，我们会看到当一个人痛哭后不久，就会出现一群人抱头痛哭的现象，这就是情绪传染效果的典型体现。

你被情绪传染了吗

情绪是无声的语言，它可以通过有情绪一方的姿态、表情等身体语言来传递信息，处于接收的一方便会在这种无声无息的潜移默化的影响下，不自觉地产生和对方相同或相近的情绪表现。

有研究表明，人类自身包括喜怒哀乐在内的各种情绪状态，都能在极短的时间内传染给身边的人，其传染的广度和速度都令人惊叹，被传染的一方很多时候还浑然不知，但在不知不觉中，已然"中招"了。

情绪传染有积极和消极之分。积极的情绪传染能带给我们昂扬向上的正能量感知；消极的情绪传染，则会对我们的身心造成严重摧残。

罗鹏是一个帅气的小伙子，头脑聪明不说，工作上也非常踏实勤恳，单位里有棘手的工作安排，到了他的手上，总能得到圆满的解决。

罗鹏方方面面都得到了同事们的高度肯定，然而有一点，让大家颇有微词。原来罗鹏的脾气比较暴躁，有时因为一点分歧，就极易和同事爆发激烈的矛盾冲突。事后，罗鹏对自己的这种行为又感到极度后悔，诚恳道歉，不过用不了多久，他就又故态复萌，如此循环往复，让罗鹏苦恼万分。

为此，罗鹏求助于心理医生，寻找坏脾气的产生根源。在心理医生的提醒下，罗鹏才意识到，自己"点火就着"的坏情绪，深受他父母的影响。

原来罗鹏的父母脾气都比较暴躁，有时因为生活中的一些鸡毛蒜皮的小事，夫妻两人也各不相让，非要闹个天昏地暗不可。

在父母这种暴躁情绪的影响下，罗鹏无意中也被深深地"感染"到了，并将这种负面情绪带到工作上，给他增添了无尽的烦恼。

罗鹏的案例告诉我们，负面情绪不仅具有高度的传染性，还极具破坏力，那么我们又该如何避免负面情绪的传染呢？这里有几个小诀

情绪管理成就更好的自己

窍，大家不妨借鉴参考一下。

诀窍一：远离让我们饱受负面情绪传染的场所或人。

负面情绪的传染，离不开两大媒介：一个是糟糕的外部环境，另一个是负面情绪爆棚的人。处在这一环境或和这类人相处，传染强度和速度极快的负面情绪自然会让我们深受其害。

因此，在条件允许的情况下，我们不妨选择暂时离开，远离是此时最佳的应对策略。

诀窍二：劝说对方冷静下来。

人在即将暴怒、极度烦躁时，会热血上头，做出种种不理智的行为。

遇到这种情况，我们可以退让一步，给对方充足的冷静时间，也许三五分钟的时间，对方暴怒的情绪就能得到极大的缓解，变得心平气和起来。

诀窍三：提升自我情绪管控能力。

我们之所以很容易遭受负面情绪的影响，其中的一大重要原因就在于自身缺乏宽广的胸怀，遇事不能冷静，做不到"不以物喜，不以己悲"，因此心境感受很容易被外人牵制，跟着对方负面情绪的变化而变化。

明白了这一点，在平时我们要多读书、多思考，多提升自我的道德修养，培养豁达乐观的胸怀。做到了这些，那些破坏力、传染性强的负面情绪，就很难侵扰到我们了。

避免负面情绪的侵扰是一个方面，有时当我们已经遭受了负面情绪的"软暴力伤害"，此时又该如何应对呢？

其一，寻求合理宣泄的渠道。

有时既然我们不能免除负面情绪的侵扰，那么可以寻求其他途径，将负面情绪对我们的伤害降低到最低程度。

比如可以读读书、看看电影，也可以听一段优美的音乐，品尝美味的食物，总而言之，就是通过转移注意力的方式，让心境平和从容下来。

一些欧美国家大企业的做法，也是一个不错的借鉴。在这些企业中，专门设有情绪宣泄室，情绪波动时，可以来情绪宣泄室吐槽一下，这种方式也能很好地排除负面情绪的干扰。

其二，客观地评价自我，换位思考，寻求心理平衡。

遭受负面情绪的侵扰，比如受到上司粗暴的批评，我们应当客观理性地进行思考：这件事情，是不是里面确实有自己的问题存在？如果能做得更好、更完美一些，也许不至于惹得上级雷霆震怒。

还可以设身处地地换位思考，如果站在领导的位置上，也许自己也不能比对方表现得更和善。如此多角度、多方位地对比反思，内心就会释怀很多，不良的负面情绪也就逐渐烟消云散了。

情绪的好坏直接影响你的身心健康

情绪，自我心理健康与否的晴雨表

情绪有积极和消极的分别。从浅层直观的表现来看，一个人拥有好的情绪，可以让他心情开朗，为人处世积极自信；坏的情绪，则容易令人陷入黑暗的心境之中，看不到希望和未来，在自怨自艾中变得消沉颓废起来。

如果从深层次看，情绪的好与坏还会无声无息地影响我们自身的心理和身体健康，它就如"腐蚀剂"一般，逐渐蚕食我们良好的身心健康。

也许有人对此不太理解，并会生出这样的疑问：我只是发发火、牢骚抱怨一番，难道这种坏情绪真的会影响自我的身心健康吗？

答案自然是肯定的。坏的情绪，不仅会对我们的心理带来严重的负面影响，还会对我们的身体造成极大的伤害。

在心理上，坏的情绪又是如何影响心境健康的呢？

在心理学上，有一句至理名言："情绪是一个人心理的晴雨表。"一个人的心理是否健康，个性特征是否正常，都和自我的情绪有着莫大的联系。

联系一：负面情绪会影响我们的性情特征。

仔细观察生活不难发现，那些长期在抑郁、忧郁以及恐惧等负面情绪影响下的人们，性情会变得古怪孤僻，不能从人情世故的常理上想问题，常常爱钻"牛角尖"，拒绝和他人展开正常的交流来往。

联系二：负面情绪会影响合理的自我认知和评价。

受疑虑、患得患失以及自卑等不良情绪的影响，我们的内心对自我的评价和认知自然也会出现不良效应，对自我"否定再否定"。

面对稍微有难度的工作任务，会心灰意冷地哀叹："这个事情实在是太难了，我根本难以胜任。"

看到身边的同学朋友一个个事业有成，也会自暴自弃地说："我这一辈子，就是一个彻彻底底的失败者，什么事情也办不成，做不好，太悲哀了。"

长此以往，在负面情绪的诱导下，我们的整个心境充满了灰暗的颜色，失去了积极奋斗的动力，甘愿深陷人生的"泥沼"，自我沉沦下去。

情绪管理成就更好的自己

联系三：负面情绪会局限我们的认知思维。

生活中，为什么有些人可以做到快乐学习、高兴工作，而有些人却不能做到这些呢？其中的原因，就在于负面情绪的干扰。

当我们被紧张、疑虑、烦躁、易怒的负面情绪包围时，内心会变得高度敏感，经不起任何的风吹草动。

如此认知思维一旦受到局限，将会极大地影响我们对问题的判断和解决，只是为了烦恼而烦恼，在紧张焦虑中丢失了原本快乐的"那个我"。

身体好不好，情绪是关键

负面情绪不仅会对我们的心理健康产生诸多不利的影响，也会让我们的身体健康变得糟糕起来。那么，这种影响自我身体健康的不良表现都有哪些呢？

1. 负面情绪，将会降低我们的免疫力

在医学领域，医学专家们都有一个普遍的共识：好的情绪，会促使我们体内的各项生理机能处于一个最佳的巅峰状态，免疫系统的活力将因此得到全面的激发，从而为我们的身体健康构筑一道坚固的"防御长城"。

反过来，负面情绪过多，心态消极，心情低落，免疫系统就会受到压制，疾病将能轻而易举地突破免疫系统的防线壁垒，身体健康将由此急转直下，变得愈发糟糕。

在一家医院里，有两名病人同时前来就诊。医生给他们诊断后，发现两人的病情一致，严重度也相差无几，都是患上了中期胃癌。

在经过一段时间的对症治疗后，两名病人同时出院。谁知一段时间后，两名病人的病情发展却出现了截然不同的两种局面。

第一名病人一年后来医院复查，医生惊奇地发现，病人的病情竟然得到了极好的控制，眼前的他，红光满面，笑声朗朗，几乎看不出任何患病的迹象。

而第二名病人，却在这短短的一年时间里，病情发作去世。同样的病情，同样的治疗手段，为何会有如此巨大的反差呢？

事后医生通过调查走访得知，第一名病人出院后，积极调整心态，抱着"乐天知命"的态度，该吃吃，该喝喝，闲暇时游山玩水，和病魔坦然相处，这种好的心态情绪让他体内的免疫系统始终处于高度的活跃状态，为身体健康也带来了显著的正面影响。

而第二名病人，出院后每日里唉声叹气，感觉自己没有多少时日了，忧郁焦虑的他，吃不下，睡不着，身体状况江河日下，最终没能抵抗住病魔的侵扰，以死亡告终。

显然，案例中的两名病人之所以有不同的人生命运，其原因就在于各自的情绪不同。自信乐观，反而愈发生龙活虎；悲观失望，自然就丧失了努力活下去的希望。

2. 负面情绪，是诱发身体疾病的一大"主因"

人为什么会生病？除了自身的免疫系统出现问题外，不良的负面情绪也会导致内分泌以及神经系统运行出现问题。

比如，一个人在暴怒的时候，心脑血管负荷加大，急怒攻心，从而引发心梗、脑梗问题。

生活中这样的例子不胜枚举。有些人和别人吵着吵着，突然间会手捂胸口倒地不起，显然就是负面情绪的受害者。

同样，有些人出现脱发、心悸、睡眠不佳的问题，也和自身的负面情绪有关。那些经常爱焦虑、忧愁的人，寝食不安，坐卧不宁，没有一个好的心态和情绪管控，又如何让自我的身体得到呵护呢？

在具体表现上，不同的负面情绪对人们身体健康的不良影响也各有不同。人们常说"怒伤肝、忧伤肺、喜伤心、思伤脾、恐伤肾"，熊熊怒火会让肝脏受损，忧郁焦虑会伤及肺部器官，过度喜悦兴奋容易引发心脑方面的疾病，思虑过度会影响脾的健康，恐惧焦虑会严重影响肾气。

既然情绪的好与坏和我们的身心健康息息相关，我们为何不让自己快乐一点、看开一点呢？

你的情绪决定了你的生活状态

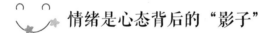 情绪是心态背后的"影子"

从狭义范畴上看，情绪能影响到我们的身心健康，不同的情绪状态让我们的身心或愉悦康健，精神饱满；或烦闷糟糕，饱受病魔的困扰。

而如果我们从广义范畴上看，或者站在人生发展的高度上来审视不同的情绪状态对自我的影响会发现，一个人的情绪状态，决定了一个人的生活状态，换句话说，在很大程度上，情绪影响着人们人生的发展方向。

美国著名的成功学激励大师安东尼·罗宾有这样一句名言："一个人拥有什么样的情绪感知，他就会拥有什么样的生活。"

安东尼·罗宾这句话意思的核心点，就是告诉世人：情绪影响我们的心态，而心态决定着一切，包括我们的人生发展在内。

宇航在大学毕业后，由于学习的专业不是太热门，迟迟找不到合适的工作。就这样，在社会上飘荡了两三年，宇航也一直没有稳定下来，这里干上几个月，那里工作半年，随时走在跳槽的路上。

反观他熟悉的一些高中同学，或者考上了好的大学，选对了热门专业，找到了一份满意的工作；或者是通过自己的努力，选择合适的方向创业，也取得了一定的成就。对比自己，几年来一直一事无成，宇航越想越失落，觉得命运不公平，索性在一次辞掉工作之后，连续半个月找不到工作的他，干脆待业休息。

一开始，凭借着手中还有些工资积蓄，宇航的日子倒也过得下去。不过一年过去之后，宇航彻底没有了经济支撑，经常是吃了上一顿，还要考虑下一顿如何解决。困顿的生活，让宇航更加自暴自弃，整日连门都懒得出，头发、胡子凌乱不堪，也没有打理的心情了。对外，他也几乎彻底断绝了和同学们的联系。

一位曾经和他关系不错的同学，得知他现在的情况后，不远千里从外地赶了回来。回来之后的第一件事情，就是带着宇航去理发，坐在镜子前，看着镜子中面目憔悴、一脸沧桑的自己，宇航不由得泪流满面。

一番个人卫生打理之后，宇航恢复了昔日的光彩。夜晚，同学和他彻夜长谈，在谈话中，同学告诉他，他不比别人差，甚至还有很多其他人没有的优点，在高中读书时，自己还将宇航作为自己的学习对象。现在的他，之所以萎靡不振，干什么都提不起精神，关键在于自身缺乏良好的情绪状态，稍微遇到点挫折就怨天尤人，自暴自弃，这种自卑敏感、爱面子的负面情绪，是没法让他在跌倒之后重新爬起来的。

最后分别时，同学鼓励宇航，要相信自己，树立积极乐观的正面情绪。

同学深入心扉的开导，让宇航恍然醒悟了过来，他暗暗反思自我：这几年来，自己极度的不自信，缺乏迎难而上的积极生活态度，以至于成了一个得过且过、不思进取的颓废青年。

想通了这些之后，宇航痛下决心，从完善自我的情绪和性格入手，改正不良情绪的负面影响。在宇航的坚持努力下，他的心态发生了积极的变化，变得乐观、机智、热情、主动起来，重拾生活信心的他，也很快找到了一份不错的工作，对此他格外珍惜，奋发上进，不到两年的功夫，宇航就成了公司的一名高管，新的美好人生在他面前悄然绽放。

从宇航的案例中可以看出，情绪深深影响着我们的心态，而心态又决定着我们对待生活的态度。正如一句名言所说的那样："每个人今天的生活状态，或许都是自己昨天情绪的结果。"

正确的做法，就是要让自我塑造并保持拥有良好的情绪，在乐观、昂扬、自信的指引下，我们的人生事业，都将更上一层楼。

别让负面情绪将我们"击败"

有一则寓言故事道出了情绪对我们人生的重要影响：一个人拥有怎样的情绪状态，他就有怎样的人生结局。

在大草原上，有一头狮子，它高大威猛，年轻力壮。不过这头狮子却生性孤僻，不愿意和同伴交流，总是封闭自我，一副孤高自负的模样。

在狮子群中，拥有这种负面情绪的它，自然很少有朋友，总是形单影只。老狮子见状，就劝说它："小伙子，你不能不和朋友交流啊，大家捕猎需要齐心合力才行，你这样下去，慢慢地大家都会讨厌你的。"

年轻的狮子却一脸不在乎地说："都不愿意和我玩才好，我一个人自由自在，难道不舒服吗？你别说了，我自我感觉现在的生活非常不错。"

果然如老狮子所言，时间长了，狮子群里面几乎所有的狮子都开始远离这只不合群的年轻狮子。最后没办法，不受欢迎的它，只好离开狮子群独自流浪。

大草原上处处充满危险，离开了狮子群的庇护，这只年轻的狮子很快被一群鬣狗盯上。有一次，年轻的狮子捕食野牛时受了伤，饥饿的鬣狗一拥而上，不仅抢夺走了他口中的食物，还将狮子给咬死了。

或许这只狮子到死也不会明白，孤僻自傲，不肯认错，不能很好地反省自我，在这种情绪影响下的它，怎么会有一个好的生活状态呢？离群索居之后，只能被命运无情地淘汰。

年轻狮子的故事中蕴含了什么哲理呢？实际上，对照现实不难发现，我们想要拥有好的生活状态，获得成功，除了个人的天分和机遇之外，好的情绪也非常重要。良好的正面情绪，能够让我们拥有积极向上的心态，在这种心态下，我们可以和那些影响到我们的负面情绪做斗争，远离孤独和烦恼，进而活出精彩的自我。

因而从这个意义上说，一个人的成功和失败之间，其实就隔着一道健康的情绪。李白科举不第，白居易官场失意，陶渊明不为五斗米折腰主动归隐，他们似乎已经和成功绝缘。然而，在自我良好、正面、健康情绪的调节下，他们又昂首迈进辉煌的文学殿堂，取得了令后人敬仰的人生成就。

推开窗，外面的世界更精彩。当我们处于人生低谷时，当我们遭受挫折时，更要拿出积极的情绪状态，去迎接挑战，战胜自我，超越自我。

管好自己的情绪，
才能把握好自己的人生

 为何要做情绪管理

　　情绪的存在，让我们拥有了更为精彩多样的人生，同时也能更好地享受生命的意义和乐趣。遇到快乐的事情，我们可以开怀大笑；遇到悲伤的事情，我们也能够通过痛哭来宣泄内心的压抑；黑夜中一个人独处的时候，我们品味往日所遭受的不公正对待，会更能让我们领悟生活的真谛。

　　这一切的一切，都是巧妙有趣的情绪所带给我们的种种感受和认

知，它就像是我们身边贴心的小伙伴一样，通过潜意识的信息传递，让我们能够对工作或生活做出相应的调整。

如在面对艰巨的任务时，我们往往会产生紧张、焦虑的情绪感受，在这种情绪的催压下，如果我们不能对自我的情绪做出良好的管控，那么就会产生无能为力的挫折感、失败感，失去了攻坚克难的勇气和信心。正确的做法应当是对自己说：越是有压力，就越要有奋发的动力，将不安和紧张化为攻克"堡垒"的源泉力量。

从这个意义上说，情绪通过潜意识的信号传递，来倒逼我们做出相应的调整，本质上这是情绪提示与驱动社会功用的一大体现。假如我们能够有效地掌控自我的情绪，能够做到约束和改正身上的不良情绪，我们人生事业的天地将更加宽广。

晓莉是一家公司的员工，平日里爱较真，爱生闷气。有时同事犯了一个小错误，她就不依不饶。因为她的这种性情，常常和同事闹得不愉快。

如果仅此而已还好，工作中谁没有和同事磕磕碰碰的时候呢？但晓莉不同，和同事发生过矛盾争执后，她就一直会耿耿于怀，想不开、想不通，因此经常自己生闷气。即使是下班回到家中，对白天的事情，晓莉依然放不下，心情不好的她，看到丈夫哪怕做错一点小事情，都会怒气冲冲，跳起来指责丈夫的不是，双方也常常因此不欢而散，家庭生活氛围压抑单调，缺乏应有的温馨和幸福。

工作和家庭都不和谐，对此晓莉没有正确的认知，依旧沉浸在自己的世界中，我行我素，丝毫没有悔改的迹象。久而久之，在工作上，她几乎和所有的同事都处不来，每年的先进模范，自然也和晓莉无缘，这让晓莉更加心怀不满，认为是同事们联合起来从中作梗；家庭生活就更不用说了，一地鸡毛，和丈夫越来越说不到一块去，动不动就吵架，她的婚姻生活也处于名存实亡的状态之中。

晓莉为什么会走到这一地步呢？是她工作不努力吗？显然不是，实际上，晓莉的工作态度值得称赞。是她心地不善良吗？当然也不是，生活中的晓莉也常热心助人。那么，为什么她却不能让自己过得顺心满意呢？其中的原因不难理解，晓莉之所以没人缘，和丈夫横眉冷对，主要原因就在于她不能很好地管控自我的情绪，因此才将生活过得一团糟。

案例中的晓莉，自然就是不会管控情绪的典型。想要拥有更美好的生活，拥有更有发展前途的人生，其中的一大前提，就是要求我们具备管控自我情绪的能力，绝不能任性而为。

做好情绪管控并不难

管控好自身不良的情绪，对于我们每个人都有着积极现实的重要意义。拥有良好情绪的我们，自我所有的付出和爱，才会有回报，才不会被辜负。

有人说，情绪就像是一个"调皮的小孩子"，不去管教它，它就会野蛮地任性生长，终有一天会发展到我们无法约束、反受其害的地步。那么，如何才能管控好个人的情绪呢？

1.遵从情绪的潜意识提示

在潜意识里，情绪一直在暗中提示着我们。简单地做一个比喻，不同的情绪就好像是不同的信号一样，会告诉我们将要发生什么，我们又该如何去应对。

以焦虑这一情绪表现为例。当我们产生焦虑情绪时，常会因此出现坐立不安、惶恐不宁的现象。其实这个时候正是情绪的提示期，它在暗示它的"主人"，我们应当积极地应对，才能走出恐慌焦虑的氛围。

可是很多时候，我们面临焦虑的情绪时，往往是束手无策，无论情绪如何暗示我们要尽快行动起来以摆脱危局，但我们依旧坐困愁城，无动于衷。

明白了情绪提示的运行机制以后，当负面情绪出现时，我们应当根据不同的负面情绪体现来做出相应的调整，以更好地适应社会。

2.要有强大的执行力

情绪管控，不是随意说说就能做到的事情，习惯了受情绪支配的我们，往往会产生极大的依赖性和惰性，不愿按照情绪的提示去改变自我，甘愿做情绪的"俘虏"。

而反观生活中的成功人士，他们无一不是情绪管理的高手，在情绪掌控上极具行动力。一旦察觉到负面情绪的不良影响，就当机立断，做出趋利避害的举动。正因如此，高情商、高执行力的他们，才拥有了让人羡慕的幸福人生。

心 情 语 录

　　情绪就像是一只顽皮的小精灵，正面积极的情绪，有助于我们人生事业的成功。所以，一要拒绝成为情绪的"奴隶"，不轻易被情绪所左右；二要学会对坏情绪的干扰说"不"，远离负面情绪；三要用高情商去约束、管控情绪，做自我命运的主宰者。

第二章

控制情绪
还是被情绪控制

情绪，决定着我们的生活状态；情绪，也是我们性格命运走向的"催化剂"。如果说细节决定成败的话，那么情绪则深深影响到自我发展的高度和广度。然而，很多时候，我们在喜怒哀乐的情绪转换中，不知不觉间成了被情绪俘虏的"奴隶"，丢掉了阳光、自信、理智的自我。所以，在任何时候，要告诉自己，学会掌控情绪，而不是被情绪掌控。

克制愤怒，不要丢失该有的理智

 **你了解愤怒的成因吗**

提到"愤怒"这一词语，相信每一个人都不会感到陌生。愤怒，是存在于我们人类身上最为常见的一种负面情绪。它常以一种激烈的方式，将自我不满的情绪向外界宣泄出来。

也许有人会问，引起愤怒的原因都有哪些呢？为什么我常常很难很好地控制自己的愤怒情绪呢？

引起愤怒的原因，从大的方面看，有这样四种因素，我们不妨"对号入座"，查看一下最经常引起内心怒火的"引子"是什么。

因素一：创伤。

很多时候，我们遭受了心理或身体上的创伤，在内心严重不满的情况下，自然会勃然大怒，极端时还会发起反击行为，以起到保护自我的目的。

因素二：失落。

对于自我生活的规划，每一个有着正常思维的人，都有着美好的设定。然而，正如网络上很火的一句话所说的那样："理想是丰满的，现实是骨感的。"因此，当现实和理想中的目标差距过大，美好的期望遭受挫折时，也会引发我们心中的怒火。

因素三：人身受到侮辱。

体面和被尊重，是我们所期望的最为基本的人格尊严。因此，当我们感到被他人看不起，遭受人格侮辱时，内心也会爆发出雷霆般的怒火，展开绝地反击，以维护尊严不被践踏。

因素四：焦虑和压力。

现代社会快节奏的生活状态，常让人疲于奔命。辛辛苦苦奋斗几年，不仅没有得到升职或加薪的奖励，反而面临着被辞退的风险；努力拼搏，每天加班到深夜，谁知和身边的同龄人相比，生活质量还差着很大一截，这种无形的压力，自然会令人不堪重负。当焦虑和压力一起扑面而来时，积压已久的怒火将会突破理智的"阀门"，以愤怒的方式喷薄而出。

比愤怒更可怕的是后果

虽然愤怒是自我情绪的一种宣泄，可以适当降低自我的心理压力。但将它对我们自身的益处和危害相比，自然是危害大于益处。一旦被愤怒的情绪左右，我们的意志力会变得薄弱起来，丧失理智的思考，从而做出许多出格的事情。

铭鑫是一家企业的行政管理人员。平日里，铭鑫是一个非常勤快的人，上班勤勤恳恳，兢兢业业，是同事眼里的"老好人"一个；下班操持家务，陪伴妻女，是一名称职的好丈夫。

表面上看，铭鑫的生活简简单单，似乎无比快乐幸福。然而实际上，铭鑫也有着无尽的苦恼。在这个城市里，他努力拼搏着，却一直得不到妻子的理解。每次当他将工资上交给妻子时，本以为能够得到妻子的一番夸奖，谁知却常常换来一顿挖苦："你这一个月就开这么点工资呀？真是少得可怜。你看我闺蜜的丈夫小张，一年几十万薪水，家里住着大别墅，开着豪车，什么时候你能有点出息，和人家比一比。"

为了少受妻子的挖苦，铭鑫一咬牙，在下班之后，又干起了一份兼职。每天都要忙到十点、十一点钟，才能拖着疲惫的身躯返回家中。虽然每个月领着两份薪水，但他依然难以换来妻子的认同，妻子动不动就讽刺嘲笑他，说只有没有什么本事的人，才不得不同时做两份工作养活一家老小。

六月份的一天，铭鑫结束兼职下班回家，由于太过劳累，中途和其他车辆发生了小剐蹭，因责任在铭鑫这里，他只得连连道歉，等到保险公司处理完现场时，已经是深夜十一点了。

回到家中的铭鑫，还没有来得及告知妻子车辆剐蹭的事情，迎面就遭受妻子劈头盖脸的一顿指责："今天怎么回来得这么晚？孩子马上就要期末考试了，你就不能早点回来，多督促孩子的学习？和你过这么多年，没有一天让我省心的。"

委屈加上妻子蛮横无理的抱怨，一下子点燃了铭鑫内心深处积压已久的怒火，他当即冲着妻子怒吼，还随手将餐具、电器摔个粉碎。

一旁的孩子吓得哇哇大哭，心烦意乱、失去理智的铭鑫，又一脚端向了孩子，由于用力过猛，孩子当场昏倒在地。

直到此时，铭鑫才从疯狂的状态中清醒过来，后悔万分的他，连忙抱起孩子冲向医院。孩子接连住了几天院，出院后，恼怒的妻子和他闹起了离婚，铭鑫各种认错道歉，才逐渐平息了事端。

案例中的铭鑫，纵然再委屈，再冲动，也不能将怒火撒在孩子身上。显然，作为一名成年人，他缺乏自我控制愤怒情绪的能力，失去了理智的他，差一点酿出更为严重的后果。

学会控制愤怒的技巧

英国著名作家塞·约翰逊曾说过这样的一句话："对于人类来说，最为重要的价值在于能够很好地克制自己本能的冲动。"确实如此，当我们将要爆发怒火时，不妨让自己再多一点冷静，多一分理智，切莫在冲动下做出会令自己后悔万分的事情来。

俗语说得好："冲动是魔鬼。"愤怒的负面情绪，仿佛心魔一般困扰着我们，掌控着我们暴力的行为方式。因此，当我们明了了愤怒的严重危害时，就要告诉自己，在任何时候，都要理性地对待愤怒。

1. 当怒火爆发时，多去想想后果

坚强的意志力是掌控愤怒情绪的"有效武器"。许多时候，当我们即将失去理智时，不妨给自己一分钟的思考时间，想一想盛怒之下可能引发的种种不良后果，时时提醒自我："再克制一下，再冷静一下。"如此一来，我们将会清醒很多，在反思中慢慢地冷静下来。

2. 多问问内心，愤怒能够解决问题吗

愤怒固然是宣泄自我压抑的一种处理方式，在许多人固有的认知中，只有"出了气"，才能"心平气顺"，不"发发飙"，就不能推动问题的解决。

如果愤怒可以解决问题的话，我们大可以天天愤怒，事事愤怒。但实际上，大多数时候，愤怒无助于问题的解决，只能加剧双方的矛盾，让原本紧张的关系更加无法调和。多沟通、多交流，开诚布公地商谈，才是解决问题的根本。

3. 不断地提升自我，心宽天地宽

"大肚能容，容天下可容之事；张口便笑，笑天下可笑之人。"
这副带有禅学味道的对联，其实正是控制自我愤怒情绪的精准写照。
在实际生活中，我们一方面要不断地提升自我，能力和本事越大，就
越心境开阔；另一方面，对于生活中那些鸡毛蒜皮的小事，要一笑置
之，和纠缠不清的人或事闹对立，反而拉低了自我的境界和层次。

情绪管理成就更好的自己

抛开嫉妒，避免迷失自己

嫉妒的成因是什么

和愤怒一样，嫉妒也是一种负面情绪。当看到同事在工作上取得了不俗的业绩，无形中会心生嫉妒；邻居的儿子考上了重点大学，看着他们一家人快乐高兴的样子，也会暗生嫉妒的情绪；昔日的同学，曾经不如自己，谁知短短几年后，竟然成了一家公司的老总，内心自然也会在失落中愤愤不平……凡此种种，都是人们内心深处的一种嫉妒情绪。也可以说，在每个人的心中，或多或少都存在着嫉妒心理，只是嫉妒的程度深浅不一而已。

成书于三国时代的《运命论》一书中，曾这样写道："木秀于林；风必摧之；行高于众，众必非之。"这句话的意思不难理解，在普通的人群中，自我太过于优秀和出彩，自然容易受到他人的诋毁和诽谤，这也是对嫉妒这一词语含义最为生动的注脚。

有一位名叫戈尔·维达尔的作家，也曾袒露心扉说："虽然我在文学上小有成就，但是每当看到有人取得了比我更大的进步时，我就会感觉自己的生活仿佛少了一些什么似的。"

这位作家的话语，其实代表了绝大多数人的心声，看不得别人比自己优秀，也不希望别人在某一方面超越自己，否则心理就会出现严重失衡的现象，并为之耿耿于怀。

问题是，为什么我们每个人的内心深处都会藏着"嫉妒"的种子呢？当外界一旦有适合嫉妒生长的"土壤和环境"时，嫉妒的种子便会在心田猛烈地生根发芽，进而长成一颗充满毒刺的"参天大树"。

分析嫉妒的成因，其中关键的因素，就在于我们太过于注重自身的主观感受。换句话说，主观认识是造成我们形成嫉妒心理的主要原因所在，而这种主观认识，自然是建立在相互比较的基础之上。

我们常常会不由自主地和身边的人相比较，一旦发现他们在各方面都比自己活得精彩，活得舒坦滋润，尤其在强烈反差对比之下，会加剧自己内心的这种不平衡感，偏偏又缺乏能力和动力去改变这种事实上的落差，由此以愤恨、不满、哀叹为代表的各种嫉妒小情绪便油然而生。

因为嫉妒，我们常丢失自我，迷失自我

嫉妒是一个非常可怕的负面情绪，当愤怒、失落、憎恨等不满情绪充斥心田时，自我的心智就会因此而受到蛊惑，丧失了应有的理智和冷静。

春秋战国时期，庞涓和孙膑都是"谋圣"鬼谷子的高徒。在才能上，庞涓不如孙膑，只是庞涓的心眼更加灵活一些而已。两人学艺期满时，庞涓下山，凭借着从老师鬼谷子那里学来的兵法智谋，很快在魏国站稳了脚跟，成为魏国的大将。

当师兄孙膑慕名前来投靠时，庞涓表面上热情无比，实则充满了不满的情绪。在才华上，他深知自己和孙膑有着不小的差距，一旦孙膑的才能在魏国得到施展，显然会后来居上，超越自己。

嫉妒的滋味让庞涓夜不能寐，妒火中烧的他，竟然不顾同门师兄弟的情谊，暗地里设计陷害孙膑，使孙膑差一点命丧黄泉。然而，再狡猾的狐狸，也终究会露出自己的尾巴。渐渐地，孙膑也明白了自己在魏国的一切不幸遭遇都和师弟庞涓有关。等到他装疯卖傻逃离魏国后，终于在齐国得到了重用。此后庞涓继续和孙膑为敌，无奈能力不足，最终被孙膑设计围困，战败身死。

历史上的庞涓，自然是拥有嫉妒情绪的典型，一旦因妒火而迷失了心智，就会丢掉最基本的人性，多么疯狂的事情都能做得出来。

无独有偶，在著名的童话故事《白雪公主》中，我们也看到了一位嫉妒成性的王后。她自以为貌若天仙，被魔镜赞誉为世界上最美丽

的女人。谁知当继女白雪公主逐渐长大后，魔镜告诉她，白雪公主才是这个世界上最美丽的女子。

充满嫉妒的王后的心智彻底迷失了，她不惜用毒苹果害死白雪公主，一点亲情伦理都不顾，如果不是七个小矮人的相助，也许美丽的白雪公主，就真的死在自己的继母手上了。

古今中外无数的例子都充分证明，任何人一旦踏入嫉妒的"陷阱"，被嫉妒"捕获"，他人生中的痛苦便会源源不断地涌现，从而因嫉妒对身边人做出种种不友好的举动，严重者还会发展到丧心病狂的地步，做出令人瞠目结舌的行为。

 **你会化解自我的嫉妒心理吗**

嫉妒有着难以想象的巨大危害，它使人在迷失自我中"作茧自缚"，甚至害人害己，断送人生的大好前途。那么，有没有化解嫉妒的好办法呢？或者说，我们如何才能抚慰愤恨不满的心境，做到心平气和呢？

1.莫要攀比，心态平和

嫉妒源于主观认识，在比较之后才给了嫉妒疯狂生长的"温床"。其实，当我们看到身边的人住上好房子、开上好车的时候，一定要告诉自己：不要和对方攀比，攀比解决不了任何实际的问题，反而会使自我的生活变得一团糟，这样做，对自己有什么益处呢？想通了这一点，心态便会得到较好的调整。

2. 将嫉妒化为前行的动力

很多时候，嫉妒不可避免。看到身边的人比自己优秀，人生成就也远远超过了自己，如果说内心没有一丝波澜也是不太可能的，除非圣人才能熟视无睹，古井不波。

虽然如此，我们却不能因嫉妒而一直愤恨下去，那样对我们将毫无意义，只是徒增自我的烦恼。此时正确的做法，就是要问一问自我的内心：别人可以取得好的成就，我为什么不可以？看来还是付出和努力不够。当有了这样的想法之后，自我的嫉妒情绪自然会化为拼搏的动力，进而不断地充实自我、发展自我、提高自我，最终成就自我。

3. 学会欣赏是关键

每一个人的成功都不是偶然的，在他们风光的背后，一定有着常人难以想象的刻苦和坚持，所以我们要学会去欣赏他人，学习他人，做到"见贤思齐"。当心里充满了光明的时候，我们偏激狭隘的嫉妒心理自然会无所遁形，最终消融于坦荡和从容的心态之中了。

丢掉羞怯，让自己足够勇敢

 你为何总是不敢表达内心的想法

生活中，我们常常会发现身边有这样的一群人存在，当他们受到欺负或不公正的对待时，只能忍气吞声，不敢表达出内心的愤怒；当他们想要站在舞台上展示自我时，内心深处总是有一种声音悄悄告诉他们：我不行，我做不到，我没有这份勇气。

这样的一群人，他们好似生活在没有阳光照耀的地方，一个人静静地躲在无人注意的角落里，无论受到任何伤害，也不管内心有多么委屈，他们始终不敢迈出坚定无畏的第一步。

显然，我们身边类似于这样的人都太过于胆怯了。面对陌生的人、陌生的环境，以及一切让他们自卑的地方，他们都会将自我深深地隐藏起来。羞怯，成了他们的"挡箭牌"和"护身盔甲"。

也许对于生性羞怯的人而言，他们面对外人鼓励自己振作起来的行为，会为自己"辩解"说：羞怯有什么不好吗？一个人安安静静，减少和外界打交道的机会，多么自由自在啊！

诚然，一个人沉浸在自我的内心世界里，封闭自我，或许是一种寂寞的美丽。然而我们会发现，在不知不觉中，自己成了众人眼中不合群的那一个。慢慢地，我们会受到身边人的冷落，社交活动没有我们的份儿，工作中也经常被有意疏远。这时我们才明白，因为羞怯，我们失去了很多很多。

显然，羞怯是一种不良的负面情绪。在上学读书的时候，校园里相对比较单纯，大家也都以学习为主，因此，这个时候自我的性格比较羞怯，还能被同学们所理解包容；然而等到我们踏入社会和职场，依然保持羞怯的性格，那么我们就可能会被无情的现实"重击"。尤其在职场中，不能丢掉羞怯的性格，不能变得勇敢起来，不会和同事大大方方相处，那么就很难有上升的空间和机会。

只有足够勇敢，才能等到奇迹的发生

建立在羞怯这种负面情绪上的防御心理，是人际交往过程中的一大障碍。要知道，改变自我人生命运的，不是起点，也不是终点，而是转折点。而这个转折点，就是让自我变得勇敢起来，因为勇敢，我们才能迎来人生的奇迹。

小柔从小就有些性格内向，家里来了客人，她便会躲在自己的房间里，不愿和客人打招呼；路上遇到认识的同班同学，她也会早早扭过头去，不想和对方寒暄。久而久之，内向的她，越来越羞怯，把自己完全封闭起来，只知道埋头读书。

高一上半学期的时候，小柔所在的学校请来了一位演讲老师。在台上，老师口若悬河，滔滔不绝，鼓励同学们要勇敢自信起来。他还告诉同学们，想要改变自身羞怯的性格，不妨从练习演讲开始。

坐在下面的小柔，看到台上的老师神情自若、从容自信的模样，她的内心受到了很大的冲击。在无比羡慕之余，她也多么渴望自己能够像台上的老师那样，在大庭广众之下，昂起头勇敢地面对大家。

可是小柔不敢，她从来不敢相信自己能够做到在公众场合坦然镇定。不过有意思的是，老师让大家推选几位性格羞怯的同学上台演讲，锻炼一下胆量。不出意料，小柔第一个被同学们选中，并被推上了讲台。

小柔站在台上，眼前黑压压都是人脸，手足无措的她，不知从何说起，最后竟然急得快要哭了。老师一边鼓励她，一边慢慢引导，小柔这才渐渐适应，虽然不知道自己说了些什么，但总算是应付了过去。

说来奇怪，这次演讲让小柔的心里产生了异样的变化，她渴望改变自己，重新塑造自我。在父母的支持下，小柔报名参加了英语演讲比赛。为了取得好名次，小柔豁出去了，在家里，她每天对着镜子练习；在宿舍里，她让舍友们监督她，当众朗诵。

功夫不负有心人，慢慢勇敢起来的小柔越发自信昂扬，在英语演讲比赛中，她一路"过关斩将"，竟然取得了全省第二名的好成绩。登上领奖台，手捧奖杯的小柔，简直不敢相信这一切的发生。

那一刻，她领悟到了"丢弃羞怯情绪"的真谛：请大胆、勇敢地接受生活的挑战，这样，经历岁月磨炼和沉淀的自己，会深深感谢那个曾经不断努力的自己。

变得足够勇敢其实并不难

羞怯，是社交恐惧症的一种外在表现。对于习惯羞怯的人来说，其实他们也非常想成为一个乐观、自信、大方、积极的人，但如何能够让自我变得勇敢起来呢？

1. 树立自尊心

自尊心，并非死要面子，这一词语的本质内涵，在于能够充分认识和肯定自我的价值，不去刻意地贬低自我，不自卑，也不自怨自艾，只有这样，才能让自己变得洒脱从容。

2. 相信天生我材必有用

这个世间的每一个人，都是独特的个体，都是无法复制的唯一。所以，我们要树立自信心，相信自己不比别人差，相信自己一定能够比其他人做得更好。在自信心的鼓舞下，敢于迎接生活中的一切挑战，越是困难越要往前冲，丢掉羞怯，勇往直前。

3. 勇于尝试没有做过的事情

羞怯是一把"心锁"，让人深陷其中难以自拔。因此，我们应当勇于尝试，只要正当合理，都要积极向前。课堂上，不懂的地方勇于向老师提问；工作中，遇到难题积极和同事沟通交流，寻求解决的办法。尝试过之后，我们会发现，原来一切都那么简单，没有想象中那样的尴尬和窘迫。

克服悲伤，让自己积极快乐

悲伤，只会让心情和事情变得更糟糕

悲伤，是人们身上非常常见的一种负面情绪。挚爱的亲人患病去世了；心爱的恋人选择了决绝的分手；想要用心去做好一件事，却发现努力到了最后，依旧是一个无法收拾的"烂摊子"。凡此种种，当不幸和痛苦降临到我们头上时，悲伤的情绪便很难遏制，尤其是那种痛彻心扉的伤痛，更让我们倍感刻骨铭心。

在忙忙碌碌的世俗中，没有人是完美无缺的圣人，能做到心如止水，因此，悲伤的情绪总是在所难免。因为悲伤，我们会莫名其妙地生气，会在不知不觉中陷入一种郁闷的情绪中，久久难以自拔。

显而易见，悲伤对于我们自身而言，坏处多多，而益处少之又少。

最简单的一个例子，悲伤，常常让个体的心理和生理受到严重的伤害。春秋时期，伍子胥的父亲和兄长被楚王杀害，只有伍子胥一个人独自逃了出来。他想要逃离楚国，必须从昭关经过，而昭关防守严密，张榜捉拿伍子胥。悲伤父兄被害，又忧愁如何逃出楚国的伍子胥，年纪轻轻的他，在一夜之间竟然白了头发。

伍子胥的经历并非特例。实际生活中，很多人在悲伤之时，最为常见的表现就是茶饭不思，忧虑重重，此时人体的交感神经系统就会趁机分泌出大量的压力激素，让人极易产生心脏方面的疾病。严重的时候，我们也能看到身边的一些人，在极度悲伤之时，会导致晕厥，引发心脑血管方面的疾病。

悲伤除了对人体心理和生理上产生严重的负面影响外，也会让事情变得更加糟糕。比如，当我们有了悲伤的情绪之后，心情自然变得无比糟糕，失去了应有的理智和清醒，一方面常会做出伤害身边人的举动；另一方面，无法妥善处理问题，不能和人冷静地沟通交流，反而使得事情越发糟糕起来。

收拾心情，重新出发

既然悲伤伤害了我们的身体，也无法有效地处理与解决问题，那我们为何不快速地收拾起悲伤的心情，重新向着明媚的未来出发呢？

有这样一则寓言故事，充满了哲理。在一片草原上，有一株石竹花和一只美丽的蝴蝶成了好朋友。每当太阳升起的时候，美丽的蝴蝶就会如约而至，围绕着石竹花迎着风翩翩起舞。

可是在两个月后的一天早晨，石竹花像往常一样睁开眼睛，突然发现小蝴蝶竟然躺在了自己的花蕊上，早已经死去多时了。

看着心爱的朋友离世，石竹花别提多难过了，从此以后，它茶不思，饭不想，很快就消瘦了，花瓣也慢慢凋零了，伤心过度的石竹花，生命也快要走到了尽头。

这时，一只小地鼠蹦蹦跳跳地跑了过来，看着石竹花萎靡不振、奄奄一息的样子，它赶忙询问原因，得知是因为蝴蝶的去世，导致石竹花悲伤万分时，小地鼠连忙安慰石竹花说："你别难过了，小蝴蝶就是这么长的寿命，等到来年夏天你再开花的时候，还会有很多小蝴蝶过来和你成为朋友呢！现在你要做的，就是要好好活下去，熬过最为严寒的冬天，那样你将会拥有更多知心的好友的。"

石竹花听了小地鼠的劝说和解释，心情一下子变得美丽了起来。振作起来的它，叶子也渐渐由黄转绿，又重新迎风绽放美丽的花朵。

石竹花和小蝴蝶的寓言故事，告诉了我们一个道理，就是在任何时候，人们都要正确看待身边的人和事，生活中很多事情是无法避免的，也不是悲伤就可以解决的。要知道，没有人的一生是一帆风顺的，喜怒哀乐的滋味都要品尝一遍。我们可以悲伤，但不要长久地沉浸在悲伤的负面情绪之中，过去的就让它过去吧，积极地调整心态，让自我重新变得快乐起来。

远离悲伤，和快乐做朋友

和悲伤相比，快乐是一种积极向上的心态，因为快乐，我们将阳光自信，会以一种无穷的动力，努力地推动问题的解决，这也是化悲痛为前行力量的道理。

如果当我们陷入悲伤的情绪之中，又该如何从悲伤的"泥沼"中解脱出来呢？

1. 杜绝思维"反刍"

反刍，原是指代动物对食物的一种反复消化方式。人类的思维反刍，自然也是指人们将过往的经历或遭遇，一遍遍在脑海中回放，一旦遇到不幸和痛苦时，这种思维反刍只能让我们在悲伤的"沼泽"中越陷越深。明白了这一点，就要时刻提醒自己：杜绝思维反刍，向前看。

2. 对未来始终抱有热切的信心

摆脱悲伤情绪，心态很重要。如果一直将未来想象成灰暗的色调，自然也就难以从悲伤的阴影中走出来。正确的做法是，多去想象一下未来的美好，给自己多一点积极的有益暗示，振作精神，继续昂扬前行。

3.制订合理的计划，去实施它

很多时候，沉浸在悲伤情绪中的人们，什么事情都懒得做，什么心劲儿都提不起来。这个时候，不妨给自己制订一个合理的计划，如每天早晨跑步，抽出时间读读书，听听音乐等。这些计划实施后，也有助于我们从悲伤的情绪中解脱出来。

摆脱焦虑，对未来更有信心

你知道有多少人在焦虑吗

焦虑，是一种非常复杂的负面情绪，当人们在面对不确定的未来时，或者是因为担心家人的身体安全等，都会不由自主地产生焦虑的情绪。

焦虑情绪会让我们原本健康的身体饱受困扰，有些人为此彻夜失眠，也有些人因此而厌世悲观，进而产生轻生的念头。

所以说，焦虑情绪运行的机理是如此复杂，它带来的后果又是如此可怕，人们不得不加以重视，以从焦虑的不良状态中解脱出来。

然而，有的人对此不以为然，在他们看来，焦虑似乎距离他们非常遥远。在如今这个时代，物质生活极其丰富，吃喝不愁，游玩出行快捷便利；尤其在高科技的加持下，各种娱乐元素层出不穷，生活在如此美好的年代，又为何非要焦虑不堪，自寻烦恼呢？

实际上，焦虑这一负面情绪，多多少少存在于每一个人的身上，只是表现出来的程度深浅不一，很多人还未能充分感受到而已。

有相关调查表明，有非常多的人每天都处在焦虑的情绪之中。

这样一个令人吃惊的结果，极大地改变了人们最初漠视焦虑的态度。问题是，这些人，他们都在焦虑什么呢？

通过进一步的调查，发现引起人们焦虑的三大因素分别是人生目标、物质获得和事业发展。简单地说，在没有一个清晰的人生奋斗方向的状态下，从事着自己厌恶的工作，关键是还没有赚到多少钱。在这样的情况下，他们能不焦虑吗？

揭开焦虑本质的"面纱"

不论是自我缺乏清晰的人生发展目标，还是在日复一日枯燥单调的工作中虚度青春，都极易引发焦虑，那么透过现象进行深入分析，焦虑的真正本质又是什么呢？

假如我们将焦虑看作一个"夹心饼干"，一层一层地揭开它，会清晰地发现，焦虑本质的内核，由三个层次构成：第一层是对未来的一种不确定性，当人们在内心深处种下了对未来不确定的种子时，第二层的不安全感就会伴随出现，因为不确定性和没有安全感，第三层，即人们充满深深恐惧感的焦虑症状，自然就产生了。

因此，概括来说，焦虑的本质就是基于对未来不确定性的深深恐惧感。我们不妨举一个简单的例子，当孩子和爸爸、妈妈走散时，为什么会哭得撕心裂肺？这是因为在他们眼中，父母是他们的"天"，是他们所有人身安全和幸福生活的全方位保障。而一旦没有了父母，周围所有的人或事物，交织在一起构成了一个未知危险的世界，这让他们万分恐惧，唯有以哭闹等外在的焦虑情绪，来表达他们严重的不满和强烈抗议。

如何对未来更有信心

相信每一个人，都希望能够掌控自我人生命运的发展，有一个光明美好的未来。但因为焦虑"无孔不入"，无形中增添了我们对未来生活的不安全感和不确定性。所以，树立对未来坚定信心的前提，就是勇敢地去摆脱焦虑。

1. 注重当下，将每一天过得充实

马上就要考试了，能不能考出一个好成绩，这让我们忧心忡忡；上班的时间就要到了，可是路上还是严重堵车，即将面临的迟到让我们焦虑不安；听说单位快要宣布裁员了，自己会不会在这批名单之上呢……

其实，这一切焦虑情绪的产生，都和我们不能好好注重当下、做好当下有关。如果平日里我们勤奋学习了，上班的时候早早起床了，每一天的工作也都勤勤恳恳、任劳任怨，每一天都让自我充实忙碌，那么我们自然更容易胸有成竹、信心百倍，又岂会焦虑呢？

2. 不断地提升自我

无论是学习还是职场，对于大多数人来说，虚度光阴，腹内空空，都会成为引发自我焦虑的最大诱因。

换句话说，由于没有能力，没有一技之长，并因此缺乏战胜艰难险阻的无畏勇气，常让人对未来丧失信心。因此，在任何时候，持续地充电学习，不断地提升自我，是保持个人自信心强大的坚实根基。

不必压抑，让心情变得美丽

压抑，是一种刻意化的情绪反应

众所周知，人是一种很情绪化的生物，外部客观环境中的人和事，都极易让人们的情绪发生变化。这是因为真正能够做到乐天知命的人少之又少，对于大多数人来说，生活上的不如意，工作中的不顺心，都会让心情变得不美丽起来。

如果是暂时的心情不好，倒也没什么。关键是，一些人总爱和自己较劲，始终走不出内心深处的那片乌云，明明不开心，却不敢表现出自我的真性情，他们往往选择刻意压抑自己。

上司刻薄寡恩，为了这份工作，我们不得不忍气吞声；家里面矛盾不断，在外人面前，我们却常常强装出生活幸福的样子；失恋了，本该痛痛快快大哭一场，偏偏故意装作一种云淡风轻的模样。凡此种种，都是一个人压抑心情的体现。

有一句话说得非常好："在这个世界上，没有比快乐更能使人美丽的化妆品了。"事实上不正如此吗？每天心情压抑、愁眉苦脸的我们，总是一副苦大仇深的模样，让身边的人对我们敬而远之，也凭空增添了健康负担。这般刻意压抑自我内心忧愁悲伤的情绪，又是何苦呢？

做真正的自己，才能真正快乐起来

什么是真正的自我呢？对于这一问题，或许有千百种回答。不过总结起来，无非这三个方面：一是无论在任何时候，都能做到勇于表达自己的观点；二是始终坚持维护自我正当的利益与需求；三是不要去刻意取悦他人。

勇于表达自我的观点，维护自身正当的利益和需求，说起来容易，做起来难。很多时候，在成人的世界里，我们不得不戴着"面具"生活，说一些违心的话，做一些自己不喜欢的事情，内心虽然一百个不痛快，一千个不愿意，但也只能做出让步和牺牲，压抑自我真实的情感。

孙宇从事销售工作。他所在的这家公司，是一家家族式企业。公司董事长任人唯亲，内部很多重要岗位，几乎都是董事长的亲朋好友。比如孙宇所在的销售部门，主管就是董事长的高中同学。

让孙宇倍感压抑的是，董事长的这位高中同学，喜欢拉帮结派搞"小圈子"，谁服从他，谁就能获得更大的利益；那些反对他的人，总是被对方寻找各种借口"穿小鞋"。公司的一些业务精英，因为和主管不对付，最后都被逼离职。

在这种工作氛围中，生性懦弱谨慎的孙宇，从不敢表达自我的观点，有时拉来的业务被主管抢了去，个人利益受损，也只能忍气吞声。久而久之，压抑自我的孙宇，情绪低落，竟然患上了中度抑郁症。

案例中的孙宇，不敢挺身抗争，不能很好地维护个人的正当利益，在这种压抑心境下的他，患上抑郁症也就不足为奇了。

同样，刻意地取悦他人，也很难活出真正的自我。小敏是家庭主妇，丈夫是部门经理，年薪可观，形象帅气，还拥有名牌大学硕士学历。

小敏常将她和丈夫放在一起比较，和英俊潇洒、帅气多金的丈夫相比，小敏觉得自己似乎除了美貌之外，一无所长。有了危机感的小敏，常做出取悦丈夫的姿态，但她越这样，在丈夫眼里，就越卑微、越没有自我。

饭菜稍微不合口，小敏就会遭到丈夫的呵斥；和朋友聚会，说错一句话，也会被丈夫当众无情奚落。渐渐地，小敏的心情变得无比压抑起来，她只能表面上强颜欢笑，背地里暗自垂泪。

刻意取悦他人的结果是什么呢？显然，小敏就是一个反面例子，卑微地活着，失去了真正的自我，内心的快乐幸福也因此消失得无影无踪。

所以说，一个真正快乐的人，前提是能做一个真实的自己，敢做敢当，敢闯敢干，敢于大声向不公正的对待说"不"，从不让自己受一点委屈，拥有这种充实和从容的心境，又如何不会快乐起来呢？

正如大文豪托尔斯泰所说的那样："人不是因为美丽才可爱，而是因为可爱才美丽。"也许我们的生活坎坎坷坷，并非一帆风顺，但任何时候，都不要让痛苦的外在剥夺我们人性中那可爱的一面，也不要让自己的双眼因压抑而噙满泪水，而应该阳光自信，积极向上，活出真正的自我。

化解寂寞，不要独自黯然伤神

 寂寞，是独来独往吗

心理学上，寂寞是一种非常独特的情绪体现。它常常徘徊在孤独和落寞的情绪之间，对人或事的无奈投射在心境之上，就常表现为寂寞。

不过在很多人的认知中，往往混淆了寂寞和独来独往之间的概念，将两者混为一谈，认定形单影只就是寂寞。自然，抱有这种认知的人是错误的，因为寂寞更侧重于一个人心灵上的主观感受，悲伤、忧思、孤独、哀怨等负面情绪反应不一而足；而独来独往，只是一种个体数量上的多寡而已。

比如，有人天生不爱凑热闹，没有扎堆的习惯，喜欢安安静静地生活，一个人上班，一个人做事，一个人读书、看电影、听音乐。那么，这样的人是一个寂寞的人吗？

当然不是，喜爱独来独往的人，内心的情感世界也许更为充实丰富，他们并不寂寞，只是往往喜爱一个人沉浸在自我的精神天地中，偏重独处，喜好清净，不愿被他人所打扰罢了。

人们之所以常将寂寞和独来独往混淆，原因在于，寂寞，很多时候是以一个人独处的形式表现出来的。当忧伤或思念的情绪无法得到充分宣泄时，没有朋友或不愿面对朋友的他们，缺乏外界的关心与关爱，就只好独自舔舐身上的"伤口"，在外在上看起来形单影只、楚楚可怜。

所以，真正寂寞的人，只是外表上孤独的背影和独来独往的人很相像而已，其实如上面所说，两者之间只是形似，而非神似，在本质上还是有着很大区别的。

寂寞并不美丽，需要用心化解

寂寞是一种孤独的情感体验，也是一种充满无力感、内心悲哀的情绪展现。当人们置身异国他乡，因为思念亲人，会倍感寂寞；当处于恋爱期间的一个人，突然和另一半分手，那种刻骨铭心的思念，更会让寂寞的情绪肆意泛滥起来。

然而在生活中，有这样一些人，他们认为寂寞的滋味并不坏，黯然伤神，有时也是一种孤独的美。事实上，需要明明白白告诉人们的是，寂寞，它并不美丽。

大二时，阿箬的男朋友和她分手了。至于分手的原因，没有人能够说清楚。有人说，阿箬不太爱主动，对男朋友关心不够；也有人说，男朋友喜新厌旧，移情别恋，主动选择和阿箬分手。

不管哪一种说辞，毕竟阿箬失恋的事情是真的。自从阿箬离开了男朋友之后，原本性格就不太活泼的她，关闭了心门，变得更加沉默寡言、郁郁寡欢了。

曾有同宿舍的姐妹试着去开导阿箬，但得到的是阿箬冷若冰霜的对待。说的次数多了，阿箬表示自己会独自疗伤，逐步调整好心情，无须他人过多地关心。

慢慢地，同宿舍的姐妹也就任由阿箬独处了。上课、吃饭、课外活动，阿箬都是独自一个人行动，不愿和同学之间有太多的来往。有时，在一个人独自静坐的时候，伤心的阿箬会暗自流泪不已，沉浸在失恋中的她，始终难以接受被分手的现实，深陷痛苦的泥沼不能自拔。

有一次，同宿舍的一位姐妹过生日，她男朋友请客，为了热闹，邀请了宿舍的所有人，也包括阿箬在内。谁知当这名同学过来请阿箬参加她的生日派对时，阿箬死活不愿去，最后被请的次数多了，厌烦的她竟发怒道："你有男朋友给你过生日，为什么偏偏非要我去？难道是要嘲笑我失恋吗？"

情绪管理成就更好的自己

大家都想不到，同宿舍姐妹之间的生日邀约，无意中触碰到了阿箬的伤口，以至于让她反唇相讥，闹了一场不愉快。

显然，案例中的阿箬，因失恋而寂寞，又因寂寞而陷入固定的思维模式中无法自拔。寂寞，并没有让她的"伤口"痊愈，反而使她被消极心态所包围，看到什么都是灰暗颓废的，别人的美好恋情，也成了扎向她心头的一根刺。

寂寞并不美丽，那么应该如何去化解寂寞呢？

其一是多充实自己的生活，让生活变得丰富多彩。生活枯燥单调，自然让寂寞有了可乘之机。很多时候，我们在条件允许的情况下，应多去参加各种运动锻炼，多去发现自己感兴趣的事物。显然，当自己的生活充实了、丰富多彩了，寂寞也就踪迹难觅了。

其二是多和那些快乐的朋友相处，用笑声感染自我。人是群居的社会生物，人与人之间的情绪状态，也最容易相互感染。多和快乐的朋友相处，他们乐观的心境、开朗的笑容、自信的心态，都是将寂寞从我们身边驱散的"灵丹妙药"。

最后是打开心扉，拥抱更为广阔的世界。化解寂寞，切忌封锁自我的心门。仔细观察生活不难发现，很多被寂寞围绕的人，大多紧闭心扉，不愿和外界有过多的交流。正确的做法是，多去拥抱美丽多彩的大自然，让壮美的山川美景填充我们的心胸，将寂寞排除出去。

　　你会控制自我的情绪吗？看似简单的问题，做起来却非常难。要做到这一点，首先，要克制愤怒，去除嫉妒心理是关键；其次，应让自我变得勇敢坚强起来，遇到悲伤愤怒的事情时，也应理智地加以克制；最后，摆脱焦虑、寂寞、压抑等不良情绪的影响，要始终保持积极阳光，乐观自信。

情绪管理成就更好的自己

第三章

优秀的你
应该做情绪的主人

美国著名的销售大师乔·吉拉德曾说过这样的一句话："在这个世界上，弱者总是被自我的思维控制情绪，而那些强者，他们总能做到让行为控制情绪。"

如果我们不能学会主动去掌控情绪，总是生气、抱怨、嫉妒、焦虑，显然就会被情绪所控制，还会因此而毁掉我们的一生。正确的做法是我们要成为情绪的"主人"，而不是被情绪牵着鼻子走。

找到不良情绪产生的原因

 你是否意识到自身不良情绪产生的原因了呢

情绪，从心理学角度来看，是一种主观的心理状态体验，当外界客观事物发生种种变化时，这些事物及其变化会映射到我们的内心深处，进而会引发神经系统的一系列生理反应，再引发情绪及情绪变化。

从分类上看，情绪有正面和负面之分。爱、信心、幸福、慈悲、安静、勇气等，都可以归结为正面情绪；而诸如焦虑、紧张、愤怒、沮丧、悲伤、痛苦等，是典型的负面情绪。

正面情绪，对人生的发展有着积极促进的意义；而负面情绪，让一些人被情绪所掌控，这些人只知道怨天尤人、自暴自弃，从来不会从自己身上去寻找原因。

也许有人会问：既然负面情绪的危害如此之大，我们又该如何调控情绪，让情绪回归正面情绪的轨道上呢？

要想调控情绪、成为情绪的主人，回归正面情绪的轨道，其中的必要前提，自然是要弄清楚导致我们产生不良情绪的诱因在哪里。

诱因一：缺乏远大的目标和理想追求。

什么样的人生最可悲？一辈子浑浑噩噩度日，没有美好的理想，没有远大的目标，得过且过。有很多人生活在重压之下，会因琐碎的生活而产生诸多的烦恼，和人相处也锱铢必较，丝毫没有宽容平和的心境。正因如此，他们必然会陷入负面情绪的泥沼之中不能自拔，以逞"匹夫之怒"而引以为豪，殊不知，自己在无形中成了被情绪掌控的"奴隶"。

诱因二：思想颓废，只去看事物的消极一面。

在实际生活中仔细观察，我们常常会发现身边有这样的一群人：他们自以为看穿了人性，洞察了人心，不论发生任何事情，他们总是从事物的消极一面评论分析，从不提及事件的积极影响。

举一个简单的例子，露天音乐会正在举办，突然间，细雨如丝，打湿了观众的衣服。消极的人会第一时间发出抱怨说："真倒霉，好不容易看一场音乐会，还遇上了倒霉的下雨天，算了，不看了，回家睡觉去。"心态积极的人则会这样安慰自己："想不到今天竟然下起了小雨，没关系，打伞观看音乐会，将是多少人梦寐以求的浪漫体验啊！歌声、雨声，声声入耳，这真是难得的诗情画意。"

从事例中不难看出，思想颓废的人，观看身边周围的事物，都是灰暗阴沉的格调，他们心态脆弱，极易爆发强烈的负面情绪，会牢牢地被情绪"捆绑和左右"。

诱因三：担心失败，害怕被拒绝。

在这个世界上，几乎没有人的生活是一帆风顺的，对于大多数人来说，生活总是充满了坎坷，在奋斗的历程中，各种各样的艰难险阻会纷至沓来。心态积极、拥有正面情绪的人，往往会愈挫愈勇，屡败屡战；反之，患得患失、担心失败、情绪消极的人，做事往往半途而废，很难坚持到终点。

例如，一些人害怕被拒绝，面薄胆怯。他们认为，被拒绝是一件非常没有面子的事情，一旦遭受拒绝，便垂头丧气，闷闷不乐，进而焦虑不安，彻夜难眠。

诱因四：不切实际，好高骛远。

有人认为，不切实际、好高骛远的人至少敢于凭空想象美好的未来，是否付诸行动不说，和缺乏远大理想和人生目标的人相比，好似前进了一大步。

实际上，不切实际、好高骛远的人，也极易被负面情绪所支配。原因很简单，他们将一切事情想得太容易了，认为动动手、伸伸腿，就可以马到成功。谁知真正脚踏实地地去做，才发现难度非常大。当理想和现实产生强大反差时，暴躁、不快、沮丧等负面情绪也就油然而生了。

如何跳出不良情绪的"泥沼"

不良情绪会深深影响到我们的心态，同时在不良情绪的左右下，我们的身体也会饱受摧残，身心俱疲，那么有什么办法可以有效消除负面情绪呢？

1. 时刻体察自我的情绪变化

月有阴晴圆缺，人有悲欢离合。生活、学习以及工作等各个方面的压力，导致很多人产生焦虑、疲惫、不安等负面情绪。对此，我们应时时去体察自我情绪的潜在变化，时时询问自我：我现在的情绪是一个什么样的状态？为什么会变成这样？是不是需要加以平息和调整呢？有了主动的内在体察巡视，自然能够有效抑制负面情绪的产生。

2. 学会转移注意力，适当放松心情

现代社会快节奏的生活和高强度的工作，极易让人身心俱疲，从而导致焦虑、不安、忧郁、不快等诸多负面情绪的产生。有鉴于此，当我们意识到自我情绪不佳时，不妨去转移注意力，多做一些自己感兴趣的事情，让心情逐渐放松，以此减少不良负面情绪对我们的影响。

3.学会合理宣泄不良情绪

千百年来，人们在治理洪水的过程中，总结出这样一个经验：洪水宜疏不宜堵。一味地堵截阻拦，反而会酿成溃堤的潜在风险；而适当合理的疏导，才是上策。

同理，对于不良的负面情绪，我们也要学会合理宣泄。孤独彷徨时，不妨去看电影、听音乐；痛苦压抑时，也不妨痛痛快快地哭一场。当这些不良的负面情绪被"排出"体外时，迎接我们的将是一片风和日丽的明朗心境。

管理情绪并不是彻底消除情绪

 管理情绪的关键在于恰如其分

情绪管理是什么？它的意思不难理解，它告诉人们，要学会控制和约束自我的情绪，不要被情绪所"蛊惑"，避免成为被情绪所掌控的"奴隶"。

一提到管理情绪，很多人的大脑里，第一反应就是将情绪全面压制住，或者是彻底消除。然而静下心来想一想，这个世界上，怎么会有没有情绪的人存在呢？又有谁能够做到彻底消除自我的情绪呢？

古希腊著名哲学家亚里士多德曾说过这样的一句话："人世间任

何人都会生气，这对人类自身来说，是一件非常容易的事情；然而，能够做到适时、适所，以适当的方式对适当的对象恰如其分地表达愤怒，这就非常难了。"

在亚里士多德的这句话中，透露出下面这样几层含义。

一是作为正常人，没有人是不存在任何情绪的，谁都会有喜怒哀乐的情绪变化。

二是情绪是不可消除的，它们就仿佛天然存在于人类自身的基因之内一般，人们没有消除情绪的本领，所能做的，只是去消除情绪带给我们的负面影响。

三是既然我们无法避免诸如生气、愤怒等负面情绪的产生，那么就要学会去管理这些不良情绪，减轻其强度和烈度，做到恰如其分。所谓的恰如其分，是指在事件发生后，既能表达出自我的不满，又能掌控其中的分寸，不至于被怒火冲昏了头脑，做出不理智的举动。

亚里士多德以自身的生活经验和人生智慧，总结出情绪管理的一大核心点：要始终做到"恰如其分"。恰如其分，正是对情绪管理的一种直白解读，也是情绪管理中最为关键的应对方法。

举一个日常生活中最常见的例子。当我们开车在路上正常行驶时，忽然被人强行加塞。原本平和的心境，因为对方不礼貌的开车行为而受到影响，甚至顿时被激怒。遇到这种情况，该如何处理呢？

脾气暴躁的人，在愤怒等负面情绪的支配下，会一脚油门踩下去，和对方的车辆来一个"亲密接触"；接下来，因为矛盾的加深，双方会因此各执一词，进而大打出手。显然，这种行为，就是不懂得正确的情绪管理所带来的严重后果。

由此可见，情绪管理的难点，就在于恰如其分上。遇到强行加塞的现象，换作谁都会有一股无名的怒火从心底升腾而起，然而在即将做出不理智行为时，我们应告诉自己，再忍耐一点，再多一些冷静。面对因为对方的加塞行为引发剐蹭等交通事故，指责对方时做到适可而止，切勿大打出手，对方的不道德、违法行为交由警方处理即可。

如何恰如其分地管理情绪呢

恰如其分地管理情绪，就是要用一种正确的、恰到好处的方式来调整自我的情绪，不让情绪失控，也不给负面情绪"悄然壮大"的机会。

1. 告诉自己：生闷气无济于事

在人类诸多的情绪中，生气、焦虑是最常见的情绪反应。家庭生活中和伴侣斗嘴；单位里面和领导闹别扭。凡此种种，都容易让我们陷入生闷气的状态中，自己和自己怄气。

其实仔细想一想，生闷气有助于问题和矛盾的解决吗？显然不能。很多时候，生闷气只会让我们钻入"牛角尖"，"气伤了身，气炸了肺"，但矛盾依然存在。

正确的做法是不要无端地和自己怄气。如果没有不可调和的矛盾冲突，不妨让一步，退一步，放下面子和架子，主动和对方寻求和解；假如矛盾过深，应真诚地寻找机会，和对方深入地沟通一番，共同查找引发矛盾问题的根源在哪里，在沟通中消除误会。

2.多去考虑时间成本

"大人不记小人过""宰相肚里能撑船"。中国无数富含哲理的名言古训告诉我们：心胸要多宽阔一点，不要浪费宝贵的时间和对方爆发冲突。在情绪即将失控时，要时时提醒自己：这样做值得吗？是不是无形中浪费了自身宝贵的时间了呢？

比如我们在生活中常会遇到一些缺乏素养的人，他们得理不饶人，无理搅三分。和这些人争高低、论输赢，意义在哪里？显然，去做没有意义的事情，还惹得一肚子气，占用了宝贵的时间，这才是真正的得不偿失。

"天下本无事，庸人自扰之。"在遇到类似的人和事情时，要学会"抬高"自己，不轻易让自我陷入争执不休的泥沼之中，一笑而过，才是最佳的情绪管理办法。

3.学会换位思考

懂得换位思考，既是一种高情商的体现，同时也是情绪管理过程中一种好的思维方法。妻子上班劳累了一天，下班又要忙着做家务，看孩子，有时说话唠叨一些，情有可原。这样一想，丈夫们是不是就能多去理解和包容妻子了呢？自然也不会再因为她们的唠叨而烦不胜烦，怒气冲冲。

同理，公司领导遇到项目推进困难，爱发脾气，常批评人。想一想，假如我们身处他们的职位，也会压力很大，有点脾气才正常，没脾气的老好人，遇到有难度的工作根本拿不下。这样换位思考之后，就能心平气和了。

情绪管理，并不是要消除情绪，重在合理控制情绪，消除情绪爆发后导致的种种不良后果，明白了这一点，就明白了情绪管理的本质内涵了。

情绪管理成就更好的自己

面对负面情绪要坦然

负面情绪，真有那么坏吗

谈到负面情绪，在一些人的脑海里，会很自然地闪现出悲伤、愤怒、嫉妒、厌恶等种种不良情绪，并想当然地给这些情绪贴上"印象不佳"的标签。

从情绪本身来看，情绪并没有好坏之分，那么人们为何要将情绪区分为"正面情绪"和"负面情绪"呢？

其中的原因不难理解。人们之所以给负面情绪贴上"负面"的标签，是因为这些情绪会带给我们身体或心理上的创伤。简单总结，负面情绪可能带来以下几个令人厌恶的后果。

一是身体受损。当一个人气冲冲或是暴跳如雷时，人体内的"皮质醇"会大量分泌，使人产生应激行为，进而导致手心冒汗、胸闷、血压上升、呼吸困难等多种不良反应。所以，有些人在突然极度愤怒时，会晕眩倒下，其中的原因就在于此。

二是让自我外在形象受到影响。比如，有这样一个人，在外人的眼中，他一向是温文尔雅、举止从容有度。然而一次意想不到事件的发生，急火攻心的他不由爆发雷霆之怒，使人震惊。显然，这个人情绪失控时的举止失态表现，会让他一向展现的良好外在形象有崩塌的风险。

三是不理智的举动增多。如果做一个形象比喻的话，负面情绪就如疾风一般，来势汹汹，破坏力极强。当愤怒战胜冷静，冲动压倒理智时，人们常会做出许多疯狂的行径。比如嫉妒到了极点，会生出报复心理；怒火累积到极限，会上演"全武行"。诸如此类，不计后果的冲动，会让我们付出惨重的代价。

正因如此，面对负面情绪，人们大多是"谈之色变"，避之不及。但是，负面情绪真有那么不堪吗？

当然不是。正如一句哲学名言所说的那样："存在即合理。"同样，对于负面情绪而言，它存在于我们的人体之内，自然也有其合理的地方，因为在很多时候，正是负面情绪的存在，才有效保护了我们的机体，激发了人类持续不断的创造力。

举例来说。当我们看到一头狮子迎面走来时，会有什么样的情绪反应呢？可以想象，内心深处一定充满了恐惧和不安，尔后在深深的

情绪管理成就更好的自己

恐惧刺激之下，我们会做出逃离的动作，确保自我的人身安全。试想，此时"恐惧和紧张"的负面情绪，不正很好地保护了自己吗？

嫉妒的负面情绪也是如此。身边的人取得了好的学习成绩，事业上有了大的进步，我们在羡慕之余，不可避免地产生嫉妒心理。而这种嫉妒心理，并不完全是坏事。因为在嫉妒心理的驱使下，我们自身才会产生"追赶和比拼"的心理，努力向对方看齐，人生前进的动力也由此而来。

种种事例表明，负面情绪并非想象中那样坏。而且更为有趣的是，人类自身在自我演化过程中，之所以一直保留负面情绪的存在，同时还让负面情绪的种类多于正面情绪的种类，其中的原因，就在于身体机能的本身，希望通过负面情绪的刺激和伤害，一次次加深我们的人生体验，从而在这样的基础上，做出"趋利避害"的行为。其本质，是为了让人类尽快建立起防御外界不利因素的防御机制，有效地保护自我。

易疏不宜堵，请坦然面对负面情绪

在《不与自己对抗，你就会更强大》这本书中，对于负面情绪的认识，作者如此写道："每个人都会遭到两支箭的攻击：第一支箭是外界射向你的，它就是我们经常遇到的困难和挫折本身；第二支箭是自己射向自己的，它就是因困难和挫折而产生的负面情绪。"

人们因为生活的坎坷和磨难，产生了诸多负面情绪。在现实生活中，没有人可以绕开负面情绪的干扰。很多想要摆脱负面情绪的人，或刻意回避，或强行压制，最终却反而越陷越深，对自身带来了更大的伤害。

那么，正确的做法应该是什么呢？千年之前华夏部落的大禹治水，就已经告诉给我们答案了，和治理水患一样，对待负面情绪，宜疏不宜堵，坦然面对才是上上之策。

1. 树立信心，将快乐作为治愈负面情绪的"解药"

人在困难之中，会产生沮丧、绝望、痛苦等不良情绪。此时的我们，又该如何应对呢？自然，回避现实绝不可行，逃避无助于问题的解决。越是身处困境，越是在人生的低谷中徘徊迷茫时，就越要树立强大的自信心，相信"车到山前必有路"，也一定能够"柳暗花明又一村"。

李白在人生失意时，笑谈"天生我材必有用，千金散尽还复来"，一腔豪迈之情震荡千古，激励了无数后人；蒲松龄彷徨在人生的十字路口时，自信地提笔自勉："有志者，事竟成，破釜沉舟，百二秦关终属楚；苦心人，天不负，卧薪尝胆，三千越甲可吞吴。"让人精神振奋。他们的人生经历和心态告诉我们，唯有内心强大，才能走出困境，才会重现人生的辉煌。要记住，在任何时候，乐观昂扬的积极心态和强大的自信心，都是治愈负面情绪的"良药"。

情绪管理成就更好的自己

2.善于倾听负面情绪背后的"私语"

和负面情绪坦然相对时，我们不妨将负面情绪看作内心深处另一个"小小的我"，那个"小小的我"发出的，所有的唠叨、不满以及抱怨倾诉等等，我们都应去认真聆听。

如看到身边的同学大学毕业没几年就创业成功，取得了令人羡慕的成就。此时在我们的内心深处，带着嫉妒情绪的那个"小小的我"就会跳了出来，一面"愤愤不平"，一面疾呼："主人，你也要赶快努力，追平他，超越他，咱不比别人差。"

其实此时这个"小小的我"的声音，正在指导着我们下一步努力的方向，给我们以奋斗的动力支持，因而聆听他们的"私语"，对我们自然大有帮助。

适时表达自己的情绪

不会适时表达情绪的危害

从人类丰富的情感表现上看，人类自身其实是一个极为情绪化的生物，喜、怒、哀、惧是最为基本的四种情绪，以这四种情绪为基础，又延伸出诸多复杂的情绪。

然而不论哪一种情绪，有一个基本点是相通的：好的情绪，如和煦温暖的阳光，和人相处时，让对方倍感舒适；坏的情绪，不仅让自我的心情变得糟糕起来，也很容易引起身边人的反感。

生活中，有些人非常注重自身情绪的变化，为了一个好人缘，努力加强道德品行方面的修养，目的是能够有一个温顺和善的好脾气，提升自己在外人眼中的好感度。

这样的做法正确吗？修养好脾气的做法自然是值得肯定的，但其中存在的问题是，很多人往往将修养好脾气和压抑自我的情绪等同起来，想当然地认为，不发脾气，甚而逆来顺受，就能赢得周围人的认可，这种极力压抑自我真性情、真实情绪表达的行为，其实是大错特错的。因为这混淆了控制情绪和压抑情绪之间的界限，过度压抑自我，反而将自己活成了一个"受气包"。

控制情绪，是人的一种情绪自我调节的能力，这种能力是建立在对情绪的接纳和察觉基础之上的，懂得不乱发脾气，明白在特定的场合，适当控制情绪的流露是必要的。

而压抑情绪的本质，则是将自我的情绪全部掩藏起来，无论遇到什么事情，纵然是大喜大悲，也不给自身情绪一个合理的宣泄渠道。这样一来，过度的压抑，随着内心负面情绪的积累，反而让我们的身心遭受了严重的伤害。

压抑自我的情绪，短时期内，还不会有太大的问题，一旦时间过长，会使得我们失去应有的活力和朝气。其中的原因在于，每个人的内心，都仿佛是一个容器，长久积压的情绪得不到充分的释放，容器迟早会被填满，被积压的情绪长期得不到释放，将会严重影响到我们身心的健康。

例如，在身体健康层面，长期压抑情绪的宣泄，让疾病有了合适滋生的"土壤"，长此以往会导致身体的健康亮起"红灯"。心理学的临床研究发现，生活中那些经常压抑自我情绪的人，患癌症的概率，要比那些善于表达情绪的人高出 70% 左右。

影响身体的健康是一个方面，更为严重的是，当不能适时地表达自我的情绪时，长期积累的负面情绪，如锋利的刀刃一样，刀刃向内时，它会从内里"攻击"我们，往往导致自我出现自责、痛苦、抑郁等症状；刀刃向外时，我们会表现出脾气暴躁、攻击他人的不良倾向。所有的这一切，都是不懂得适时表达自我情绪带来的危害。

☺ 真正的强者，都是善于适时表达自我情绪的高手

美国著名的心理医生派克，曾说过这样的一句话："在这个复杂多变的世界里，要想人生通达顺遂，我们一定要学会用不同的方式，恰当适时表达自我的情绪。需要委婉的时候就委婉，需要心平气和的时候就应做到不急不怒，但需要愤怒的时候，也敢于火冒三丈，向不公正的对待说'不'。"

派克话语的中心意思是说，敢于表达情绪，善于适时表达情绪的人，才能够更好地适应社会发展的需要。派克直白的话语，道出了人际关系的实质，不敢适时地表达自我的情绪，一味地软弱退让，幻想别人同样以和善的态度对待自我，这种想法是不成熟的。

我国著名的女作家三毛，在《稻草人手记》中，曾讲过这样的一个故事。早在三毛准备出国前往国外时，父母对她千叮咛、万嘱咐，告诉她出门在外，和人相处，一定要和善，凡事忍让，懂得吃亏是福

的道理，一旦和他人起了矛盾冲突，也要学会主动退让，要让自己始终拥有宽大的心胸……

一开始，三毛谨记父母的教诲，在留学期间，为了和同宿舍里的同学搞好关系，宿舍里面的卫生，她总是抢着干；买来的食物，也会和大家一起分享。三毛原以为通过这样的方式，会让自己赢得一个好人缘，然而慢慢地，三毛察觉到了事情没有她想象的那样美好。

比如她衣柜里的衣服，不经过她的同意，有人就随意拿出来穿戴；至于三毛其他的私人用品，同学们也毫不客气，拿来就用，理直气壮。这样的行为，一而再，再而三，最终让三毛退无可退，当着大家的面，畅快淋漓地发了一通脾气。

有趣的是，三毛发现在她发了脾气之后，不仅没有失去朋友，反而还赢得了舍友的尊重，以后无论做什么事情，舍友们都会非常尊重和照顾三毛的感受。

从三毛的亲身经历中不难看出，善于适时表达自我情绪的人，能不卑不亢地将不满、抱怨、愤怒等小情绪大胆地展露出来，会让人"刮目相看"。因为只有敢于"亮剑"，让对方明白我们的底线是什么，才能让自我的权益得到合理的保护，不再让对方认为我们是任人拿捏的"软柿子"。

打开“减压阀门”，让自己更轻松

为何很多人觉得活得“很累”

“生活”两个字，原本是一个再也简单不过的词语，然而在很多时候，为了生活下去，为了能够好好生活，人们总是被压得喘不过气来。

这样的情况，绝非是个例和偶然。仔细观察身边的人，我们不难发现，很多人常常会发出这样的一些抱怨：“我活得真的太累了呀，压力山大，真是烦死了，什么时候才能轻松一些呢？”

也有人会说：“不行了，我简直快要崩溃了，压抑得气都喘不过来，再这样下去，我都要疯掉了。"

如此，一个困扰大多数人的问题出现了，为什么人们都感觉活得非常辛苦、非常累呢？其中的原因究竟是什么？

分析里面的原因，沉重的经济负担，不和谐的家庭关系，枯燥乏味的工作，希望渺茫的前途，都会让人们感觉沉重的生活压力扑面而来，越是挣扎，越是感觉身心俱疲。

人们之所以感觉在生活中一直负重前行，其中的关键原因，还在于自我情绪的控制力度不够。或者说，不能纯熟地掌控自我的情绪，动不动就乱发脾气，时不时抱怨生活，缺乏积极向上的良好心态。

凡凡大学毕业后，在一家互联网公司工作。刚开始进入这家公司时，凡凡以为凭借着自己名校的背景和过硬的专业技术，一定可以在短时间内脱颖而出，升职加薪，成为公司的一名高管。

然而理想是丰满的，现实却是骨感的。真正进入了公司之后，凡凡才发现自己将生活、工作想象得实在是太简单了。在公司里面，想要出人头地，单纯地依靠过硬的技术是不行的，还要具备应付复杂人事关系的能力。

缺乏良好交际能力的凡凡，发现自己很难融入公司的大集体之中，在这样的情况之下，凡凡的情绪开始变得糟糕起来，动不动就抱怨不休，当众乱发脾气，时间长了，同事们对他都敬而远之；越是不能和同事打成一片，凡凡就越是控制不住自我的情绪。如此一来，他就在无形中陷入了一个恶性的循环状态之中：情绪坏，同事乃至上下级的关系非常糟糕；关系糟糕，他的心理压力就越大，情绪也因此变得更坏。久而久之，因为心理压力过重，凡凡一度患上了严重的抑郁症。

从凡凡的事例中不难看出，在生活的重压之下，不善于调节自我情绪的人，就很难寻找到释放内心压力的"阀门"，只能是越活越累，越活越失去了对生活的热爱和希望。

打开"减压阀门"，其实轻松快乐并不难

自我内心稳定的情绪，如果对其做一个形象比喻的话，它就犹如一副坚实的铠甲，保护我们免受重重压力的侵扰。问题是，如何才能寻找到并打开我们内心深处的"减压阀门"，在稳定的情绪状态之下，让自我快乐轻松起来呢？

1.培养并拥有一定的兴趣爱好

生活中，我们常常会发现身边有这样的一些人，他们温文尔雅，做事不急不躁，心态平和从容，每天脸上都洋溢着快乐的笑容，他们是怎么做到的呢？

实际上，拥有一定的兴趣爱好，可以让自我的情绪变得更为稳定。比如读书、听歌、下象棋等，通过这些文娱活动，在放松自我身心的同时，能够让我们的心态变得恬淡平静。不要再动不动就暴跳如

情绪管理成就更好的自己

雷，发"匹夫之怒"，否则只能是让自我越来越感觉疲惫不堪，从而失去很多的快乐和美好。

2. 培养幽默感

生活中，一个生性幽默的人，是天生的乐观派，他们善于从事物发展的多个角度想问题，即使制订的计划遭受了失败的打击，他们也会自我调侃："没关系，大不了推倒重来，失败是成功之母，每失败一次，说明我距离成功就越近了一步。"想一想，拥有这种良好心态的人，他们又怎么会每天愁眉苦脸、闷闷不乐呢？

所以说，幽默的本质，其实是一种积极的生活态度，当我们对这个世界露出真诚的微笑时，这个世界也会回赠我们以美好。

3. 努力投入工作，抓住现在

很多人之所以感到压力重重，一大部分原因在于他们缺乏一个良好的事业平台，换言之，在他们的人生发展道路上，缺少成就感。看不到前途和希望的他们，怎能不会"白发三千丈"，烦恼的事情一件接着一件呢？

正确的做法是，在我们拥有一份工作的时候，请紧紧地抓住机会，珍惜现在，努力投入工作中，享受奋斗带给我们的成就感和满足感，用事业上的辉煌，来驱赶那些带给我们不快的"阴霾"。

4.懂得满足

俗语说得好："知足常乐。"也许我们的人生，和那些做出伟大成就的人的人生相比，简直不值一提，然而针对自我来说，通过努力和拼搏，确实取得了很大的进步，这时我们就应当感到满足，不要过度地给自己太大的压力，避免不切实际地去和别人攀比，那样做，只是徒增自我的烦恼而已。

显然，培养一个充实的好心境，心态积极阳光，好心情就会不请自来，烦恼和压力也会消失得无影无踪。

5.敢于流露真性情，及时让负面情绪宣泄出来

及时宣泄自我的负面情绪，是释放内心压力最为关键的一个方面。失恋了，不要压抑自己，不妨痛痛快快哭一场，尔后擦干眼泪笑对生活，相信天涯何处无芳草，挥挥手向过去告别；工作失利了，不要过分自责，找几个好朋友，聊聊天，唱唱歌，放松之后，重新振作起来，从哪里跌倒就从哪里爬起来，再接再厉，相信一定能够获得最后的成功。

与他人交流，也要与自己交流

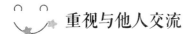 **重视与他人交流**

从人类自身来看，作为群体性的生物，每个生命个体，都需要和外界开展交流活动，也需要通过这种交流活动，来慰藉我们的心灵，丰富我们的情感体验。

比如通过一些必要的交流活动，我们可以交到很多志同道合的朋友，畅谈未来，一起为理想打拼，这时的我们，是不是对生活充满了美好的期许呢？

同时，当自我处于情绪低谷的失落期时，也可以主动找知己好友倾诉一番；或者和朋友参加一些娱乐活动，通过这种行为，让心情变得开朗一些，化解负面情绪带给我们的焦虑和紧张等不良影响。

而且在和外人交流互动的过程中，一些性格内向的人，也会因此变得乐观活泼起来，那些不良的负面情绪，自然也就远离我们了。

提升自我，积极地融入社会大集体之中，这是与他人沟通交流的第一层意义，也是最为基础的一个作用显现。

在更深的层次上，和他人交流，也是为了避免我们陷入负面情绪的泥沼之中。举一个简单的例子，当双方发生了矛盾纠纷之后，如果对立的两方不能很好地沟通交流，彼此之间就会产生猜忌、仇恨等心理，在这些心理因素的驱使下，憎恨、报复、愤愤不平等不良情绪，将会填满双方的心田，控制或左右双方的思维，导致一方或双方做出一些不理智的行为。

反过来，双方闹起了矛盾，但能够及时地通过沟通交流来加以化解，彼此都站在对方的角度上想问题，各让一步，结果自然是冰释前嫌、握手言和了。

因此，从本质上看，人的很多负面情绪反应，大多是缺乏必要的交流引起的。为此，我们不妨仔细思考：忧愁、不安、惶恐、嫉妒、紧张等负面情绪产生的原因是什么呢？在于没有敞开怀抱，去拥抱外面更为广阔的世界，一直沉浸在自我狭小的内心世界里不能自拔，如此又如何能够成为自我情绪的主人呢？

进一步分析，生活中不会或不敢和他人沟通交流的人，更多的是因为他们自我内在沟通的瓦解，换句话说，自己不能、也不会和自己沟通交流，从而在外在上，导致他们和外人沟通交流的失败。

情绪管理成就更好的自己

请不要忘了和自己交流

和他人交流重要，但也不要忽视和自己交流，这里的"交流"，是指要重视身体机能传递的信号，"内察"自我情绪发生的微妙变化。也许人们会提出疑问：为什么要强调自己和自己沟通交流的重要性呢？

我们不妨来看这样的一个例子：菲菲是一个性格外向的女孩，进入公司之后，一向工作积极，勤勤恳恳，深受同事们的喜爱。

因为公司一个极为重要的项目需要尽快赶出来，时间紧、任务重，菲菲作为项目的主要负责人，每天自然是加班加点地工作。有一天，忙到了晚上八点还没有下班的她，因为沟通项目上的问题，和经理之间突然爆发了激烈的冲突。

经理感到非常奇怪，因为他并没有过多地批评菲菲，只是说了几句语气严肃的话而已。经理认为，作为菲菲的上司，适当地批评一下，也无可厚非，平日里菲菲是能够理解认同，但这一次，他不知道什么原因，竟然惹得菲菲怒气冲冲，气得脸色都变了。

其实事后，菲菲自己也有点莫名其妙，为什么因为项目上一点小小的异议，当着众多同事的面就和经理大吵大闹起来，无论如何也控制不住自己的情绪呢？

后来多方反思，菲菲终于弄清楚了原因。连续多日的加班工作，她的身体早已透支了，尽管筋疲力尽，但是她还是强力支撑着工作。那天晚上八点多了，又饿又累又困的她，无形中迎来了负面情绪爆发的一个"临界点"，这才不管不顾，和经理闹了一场不愉快。

从菲菲的身上，我们看到了问题的原因所在。她那天之所以脾气很大，其实正是因为没有和自己的身体沟通好，饥饿和疲惫导致她失去了往日的耐心，让坏情绪控制住了她的思维。

由此可见，生活中的我们每一个个体，想要与他人良好沟通交流，前提是要学会和自己的内在进行必要的沟通交流。明白了这一点，平时我们应多去注重体察内心的情绪变化，重视身体机能传递过来的信号，及时地调整自我的情绪状态，莫要一时疏忽，被负面情绪影响。

强大自己，不被情绪左右

 为什么我们总会被情绪所左右

生活中，我们常常会碰到这样的一些现象：原本春风满面的，却因为别人的一句不善的话语，心情顿时变得失落；为了工作上的一件小事情，和同事闹了一场不愉快，一整天的心情都充满了灰暗的色调。

凡此种种，都是我们不能控制情绪，反而被情绪控制的典型事例。问题是，为何我们会成为被情绪奴役的"奴隶"呢？究其原因，有很多种。

从小的方面来说，比如我们太在意别人对自我的看法，内心无比的敏感和自卑，对一些鸡毛蒜皮的小事，不能释怀，一直纠结着放不下等，正因自我缺乏一个良好的心态，所以才被负面情绪所奴役。

从大的方面来说，也就是从最为根本的原因上去分析，关键是我们还未能让自己强大起来，无论是自身的才能，还是道德品行的修养，都还处于一个低下、弱小的状态，所以一旦遇到一个"引爆"我们负面情绪的诱因，就立即暴跳如雷，缺乏必要的冷静和自制力，由此成了不良情绪的"俘虏"。

反观那些强大的人，他们在对待类似事件时，自然能够很好地抑制负面情绪的爆发。仔细观察，尤其在职场中，那些优秀的人士，在任何事情面前，几乎都能做到"喜怒不形于色"，任何时候都能冷静自持，不轻易发怒，不轻言失败，在他们的人生字典里，找不到气馁和失败的词语。

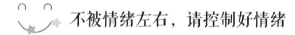

不被情绪左右，请控制好情绪

孟子曾对弟子们说，他在四十岁之后，就很少动心了。作为和孔子齐名的儒家至圣先师，孟子的前半生，致力于学术的研究，不断地提升自我的才能，等到他阅尽人事之后，将自我的内心修炼到了"古井不波"的地步，不以物喜，也不以己悲。

因为不轻易动心——被得失、情绪所奴役，在此基础上，管理好自我的情绪，控制好情绪的波动，以不变应万变，人生自然也会因此优雅从容起来。

有一句名言叫作"细节决定成败"。说的是一个人能否处理好细节上的问题，将会决定他人生的高度。其实仔细分析，假如一个人不能很好地控制自我的情绪，总是暴躁易怒、焦躁嫉妒、心气浮躁、情绪不安，又如何有心思去处理好身边的细节问题呢?

细节决定成败，在本质上看，其实是"情绪决定成败"。对于每一个成年人来说，你是一个什么情绪的人，就会得到一个什么样的生活，情绪才真正决定了一个人人生的高度和广度。

拿破仑说:"能够控制好自我情绪的人，比拿下一座城池的将军还伟大。"而这，就是情绪控制的非凡意义所在。也正因此，古往今来，那些凡是能够做出一番伟大成就和事业的成功人士，无一不是控制自我情绪起伏波动的高手。他们并非没有情绪，只是能够在情绪即将要大起大落、剧烈起伏之时，可以很快自省反思，做到克制情绪，平复内心的"狂风暴雨"。

因此说，情绪是自我内心中一个心魔般的存在，如果不去控制住它，反而会被它所困。正如尼采在《善恶的彼岸》中说:"获得真正自由的方法是要学会自我控制。如果情绪总是处于失控状态，就会被感情牵着鼻子走，丧失自由。"

强大自我并不难

情绪的控制，离不开强大的自我，但如何才能让自我强大起来呢？实际上，强大自我并不难，不妨借鉴接受以下几个建议，坚持下去，相信你的内心一定会慢慢变得强大。

1. 遇事要冷静再冷静

老子的《道德经》里面有这样一句话："重为轻根，静为躁君。"这句话的意思是说，厚重是轻率的根本，静定是躁动的主宰。

厚重即稳重，静定即从容。通过不断地修炼自我的内心，做到了厚重和静定这样两个方面，遇事就越发淡定从容，能够沉稳应对，也能够成功地控制自我的情绪了。

2. 拥有良好的心态

心态对控制情绪非常重要。一个拥有好心态的人，能将种种烦恼和忧愁抛之脑后，不被情绪所左右；反过来，心态不好的那一部分人，一点不如意的小事，都会纠结一整天放不下，和自己过不去，自然要被情绪牵着鼻子走。

3.困难面前，迎难而上

很多人被情绪牵制，是因为他们在困难面前，缩手缩脚，瞻前顾后，缺乏迎接一切艰难险阻的心理准备。这样的一些人，又如何能够成为情绪的主人呢？

正确的做法是，越是在困难面前，就越是向前冲，勇往直前。等到攻克难关，站在胜利的峰顶之后，就会有"会当凌绝顶，一览众山小"的豪迈，最终成为能够驾驭自我情绪的高手。

心 情 语 录

　　做情绪的奴隶，还是做情绪的主人？这是一个考验我们人生智慧的命题。自然，掌控情绪，才能更好地把控人生。为此，我们首要的是寻找情绪不良的成因，恰当地管理情绪；其次是敢于从容正视负面情绪，敢于表达，不要过于压抑自我；最后，要强大自我，自我强大了，一切也就风轻云淡了。

第四章

聪明的你要学会
摆脱情绪勒索

人与人之间的关系，就如几何学中两个相交的圆一样，彼此之间有重合的地方，然而更多的是双方之间都有自我独立的空间。由此可知，在彼此重合的地方，必要的交流沟通不可或缺，然而在各自独立的空间内，我们要明白的是，他人的情绪感受，绝不能影响到我们，更不能左右我们的思想与行为。唯有如此，才能建立一个安全的防止受情绪影响的屏障，一旦受到情绪的干扰，就应立即警惕起来，拒绝情绪勒索。

勇敢对情绪勒索说不

有一种爱，叫情绪勒索

人的情绪是一个非常微妙的事物。当一个人露出开心的微笑时，他快乐的笑容、热情的招呼，无意中也会感染到身边的每一个人，让周围人的心情也变得轻松愉快起来。反过来，当一个人怒火冲天时，这种恶劣的情绪流露，让人自然生出敬而远之的心理。诸如这样的例子，都是情绪影响力的外在体现。

正因一个人的情绪，对身边的人有着巨大的影响力，所以在实际生活中，有些人就习惯性地有意或无意地利用这种影响力，对最亲密的伴侣、子女、朋友发起情感勒索。换句话说，也就是利用情绪去控制他人。

针对情绪勒索，心理学家形象地总结出了情绪勒索的惯用手段：实施情绪勒索的人，往往打着爱的旗号和名义，采用要求、逼迫、威胁、打击、沉默对抗等方式，在亲情、爱情以及职场中取得优势地位，占据主导地位，逼迫对方乖乖听从自己的指挥。

在家庭亲子关系中，父母常常会对孩子实施情绪勒索："我们就只有你一个孩子，供你吃，供你穿，从高中到大学，你知道为了你的学习，父母为你付出了多少心血吗？这下好了，你毕业了不愿回到我们的身边，想要去大城市发展，以后我们老了怎么办？不管怎样，你就要回到父母的身边发展，不然你就是不孝之子。"

面对父母声泪俱下的哭诉，此时一心想要振翅高飞、一心扑在事业上的你，该何去何从呢？

亲密的伴侣之间，也常常出现情绪勒索的情况，一方为了达到自己的目的，会这样说："我那么爱你，为你付出了一切，你就不能陪我看一场电影吗？"但是这时的你，手头上正有一个重要的项目需要你去完成，实在是分身乏术。然而另一半却不依不饶，从不站在你的角度去考虑问题，故意小题大做，让你无所适从。

在职场中，情绪勒索也极为常见。同事会这样勒索你："你扪心自问地好好想一想，从你进入公司之后，平时无论遇到什么困难，是不是都是我一直在帮助你，支持你，现在我遇到困难了，是真哥们，其他别说，拿出你的实际行动。"同事站在道德的制高点说得振振有词，然而他口中的困难，因为各种客观原因，你确实很难帮上忙，遇到这种情绪勒索，你又该做出哪一种抉择呢？

以上种种，都是情绪勒索在生活中最为常见的表现形式。而且比较隐蔽的是，情绪勒索常出现在最亲密的关系之中，因此心里怀有内疚感的你，无形中会被情绪的"枷锁"牢牢控制住，想要挣扎，又力有未逮。

请鼓起勇气对情绪勒索说"不"

情绪勒索的危害无比巨大。它是一种无形的枷锁，虽然看不着，摸不到，然而一旦我们成了被勒索的那一方，整个身心都会备受煎熬。生活中的很多人，因为遭受严重的情绪勒索，失去了快乐的笑容，也失去了对美好未来积极进取的自信心。所以，当我们遭遇情绪勒索时，请鼓足勇气，直接说不。

林楠身材高挑，容貌俊美，身边自然不乏各类男士的追求。一名叫晓辉的男子，对林楠关心备至，体贴入微，最终晓辉通过大打"感情牌"，成功抱得"美人归"，将林楠娶回了家。

然而两人结婚后不久，林楠就倍感痛苦。原来晓辉经常对她施加"情绪勒索"。林楠工作有时需要加班，晓辉的电话就一直打个不停，说我是多么爱你，下班后不愿意一个人待在家里，要求林楠以后不准加班。如果确实工作太忙，必须让晓辉陪在身边。丈夫的行为和要求，让林楠哭笑不得。

更难以忍受的是，晓辉看到林楠微信里面有异性，就强迫林楠删掉。林楠不同意，说都是同事、正常的朋友之类，绝对没有什么暧昧的对象。谁知晓辉不依不饶，说他的心里只有林楠一个，林楠的世界里也只能有他一个，不允许第二个异性出现。

　　直到此时，林楠才发觉她看错了人。不可否认，晓辉非常爱她，然而这种爱，是建立在强烈占有欲和控制欲的基础之上的，对方以爱的名义逼迫林楠断掉一切外界联系，这种情绪勒索，也是林楠所不愿看到的，最后两人结婚不到半年就离婚了。

　　面对情绪勒索，坚决不能让步。正如中国台湾著名心理分析师周慕姿在《情绪勒索：那些在伴侣、亲子、职场间，最让人窒息的相处》中所说的那样："摆脱情绪勒索，绝对不是自私的，而是为了让我们能够更纯粹地感受到关系中最重要的'爱'——这才是人际关系中最重要的元素。"

多关注自己，不必取悦他人

 你是否掉入了取悦他人的"陷阱"中呢

人类是群居生物，离不开必要的人际交往。在人际交往过程中，为了取得他人的信任和好感，为了能够获得伴侣的欢心，也为了能够让亲人舒心，我们常常会做出牺牲自己的诸多行为。

比如丈夫需要创业，为了全心全意支持丈夫，妻子辞职回家，当起了家庭主妇，每日里相夫教子，力争做一个好的"贤内助"。

然而在很多时候，妻子忘我的全部付出，包括牺牲掉个人的职业发展，却并没有换来丈夫的满意，一旦他们在外面遭遇了挫折之后，就会将一腔怨气都发泄在妻子身上："你看看你自己，都邋遢成什么样了？出门应酬，我都不好意思带着你"。

倾心付出，却换来一顿无情的奚落，妻子自然满腹心酸：自己究竟错在哪里了呢？

不难理解，夫妻双方的这种关系，大多是因为妻子太过于取悦丈夫，不仅没有换来对方的认同，反而是受到讽刺和挖苦，在不知不觉中，掉入了取悦他人的"陷阱"之中。

取悦他人的行为，在每一个人身上都或多或少地发生过。你是否记得，从小父母就教导我们，要做一个乖孩子，尤其是女孩子，更要时时要求自己是一个乖乖女，听话、温柔、懂事。

父母的教导没有错，善解人意也是一种好的为人处事方式，然而凡事过犹不及，太过于注重他人的感受，只为别人考虑而忽略了自己，无形中，我们就会掉入取悦他人的陷阱之中。

其实不妨仔细回想一下，你在考大学的时候，是否为了满足父母的愿望，不得已选择了自己不太感兴趣的专业，去了自己不太想去的城市呢？在职场中，明明是自己一个人做出的成绩，却为了赢得同事的好感，尽管不情愿，但还是默许功劳也有对方的一半呢？

对这些生活中习以为常的事例，也许有人认为这样做，只是站在了别人的角度思考问题，是体谅和体贴人的表现，怎么能够说是故意去取悦他人呢？

确实如此，体贴别人，善解人意，和刻意取悦他人、讨好他人之间，存在着一个较为模糊的界线，不好区分。但实际上，有这样一个简单明了的区分标准：你对他人的关注，是否超过了对自己的关注？

情绪管理成就更好的自己

仅此一条，就足以判断出我们是否刻意去取悦他人了。所以，平时我们不妨对照一下，看自己究竟是否越过了界，从善解人意、换位思考，变成了取悦他人，从而掉落在了这一"陷阱"中无法挣脱了呢？

做自己最好，重点放在多关注自我身上

过度地取悦他人，很多时候，并不能以"真心换来真心"，反而会让他人觉得理所当然，一旦得不到满足，就会对我们肆意挖苦，冷嘲热讽。在这些人的心目中，只有索取，没有回报。

馨儿是一个文静乖巧的姑娘，脸上总是挂着甜美可爱的笑容。从进入公司的第一天起，她就秉持与人为善的理念，作为新员工，她主动承担起了办公室的卫生清洁、打水、打印材料等工作，为此不辞辛苦，任劳任怨。

馨儿的有求必应，让同事们渐渐习以为常。只要办公室一有杂事需要处理，他们就会不假思索地喊道："馨儿，你过来帮忙处理一下，我这里太忙，腾不开手脚。"

实际上，馨儿这时也忙得不可开交，无法分身。然而，为了满足同事们的要求，她还是尽量抽出时间，完成对方交代的工作，像一只陀螺一样，永不知疲倦地转动着。

有一次，老板交代给馨儿一件非常重要的事情，要求她在规定的

时间内完成。谁知工作刚进行没多久，同事小李便招呼她说："我有一个快递到公司门口了，你现在帮我取一下，我太忙，顾不上来。"

馨儿听了，心里很不舒服，老板交代她事情的时候，同事们都在场，明知任务繁重，不但没有一个人伸手过来帮她一把，还毫不客气地指使她跑腿。这一次，馨儿有点急了，直接婉拒说："对不起，我也太忙了，你还是自己去吧！"

原本很正常的一次拒绝，却让小李勃然大怒："这一点小忙都不肯帮，你这个丫头实在是太懒了，以后有事你也别和我说。"

对方的一句话，气得馨儿当场落泪。平时她付出了那么多，换来的却是埋怨指责，这种委屈，换作谁都难以忍受。

从馨儿的遭遇中不难看出，过度地取悦别人，忽略了自我，有时并不能换来对方感恩的心。我们需要明白的是，在人生的成长过程中，绝不能让别人将他们的快乐建立在我们的痛苦与牺牲之上，多去关注自我，做好自己，拒绝一切取悦他人的行为。

越是小心翼翼，越是容易失去自尊

自尊，不是依靠小心翼翼、唯唯诺诺换来的

自尊，是人们经常谈论的一个高频词语，那么究竟什么是自尊呢？自尊运动的先驱及哲学家纳撒尼尔·布兰登，对自尊下了这样一个定义："相信自我的才智，认定自己有能力过上幸福的生活，这，就是自尊的本质。"

从纳撒尼尔·布兰登的话语中不难看出，活出真正的自我，拥有高质量的人际关系，获得自认为满意的幸福生活，无疑是一个人自尊自强的必要条件。

心理学上对自尊的研究分析，和纳撒尼尔·布兰登的话语有着异曲同工之妙。心理学专家认为，自尊是一种自我尊重的体现，真正的自尊，指的是人们可以活出真正的自我，既没有必要向别人卑躬屈膝，也不允许他人对自己进行侮辱歧视。

然而，在实际生活中，很多人为了维护所谓的人际关系，为了挽留所爱的另一半，一再放低自我的姿态，让对方感受到自己的真心就可以了，谁知越是这样小心翼翼，越是没有自我，换来的却是他人的蔑视和不尊重。

莉莉在大学时，谈了一个男朋友。男朋友高大帅气，多才多艺，莉莉一见倾心。和男朋友确定了关系之后，她担心自己配不上对方，在日常生活中，处处迁就对方。

虽然两人不是一个专业，但为了让男朋友对自己放心，不管是上课还是参加同学的聚会、课外活动等，只要男朋友不在自己的身边，莉莉总是发微信照片给他，说一下自己的行踪，让男朋友宽心。

莉莉原以为通过这种方式，能够牢牢抓住男朋友，然而一件事情的发生，彻底伤了她的心。一次男朋友的高中同学来他们大学所在的城市玩，晚上请客吃饭，莉莉为了表现出自己乖巧懂事，坐在男朋友身边的她，不断地给对方夹菜、倒酒，谁知男朋友却一脸厌恶地说："你烦不烦，吃个饭就不能消停一会儿，就不能让我们好好聊聊天？一直动来动去影响到我们交流了。"

男朋友的话，让莉莉泪崩了。她小心翼翼地维护着这段感情，谁知在男朋友眼里一文不值，丢尽了颜面，丧失了自尊，这种不平等的爱情，又有什么可值得留恋的呢？事后，莉莉果断地选择了分手，她不想为了卑微的爱情而丧失了自我的尊严。

莉莉的故事告诉我们，无论是在爱情中，还是普通人际关系处理中，都要保持自我的尊严，不能为了刻意讨好对方，而丧失了自尊。

一个丧失自我的人，何谈自尊自信

黑格尔说："人应尊敬他自己，并应自视能配得上最高尚的东西。"这句话强调了人自尊的重要性。

小超最近认识了一群家境富裕的朋友，然而小超自己的家境并不是太好，为了讨取这帮朋友的欢心，让对方看得起他，小超处处伪装自己，平日里聚会的时候，小超也是"打肿脸充胖子"，抢着买单。

即使如此，在一堆朋友面前，小超依旧是被大家取笑的对象，没有人真正将他当作知心的朋友看待，而是肆意拿小超"开涮"，这让小超非常没面子。

最过分的一次，朋友聚会，小超去买单，哪知手头的费用不够，小超想要其中一位朋友帮忙垫付一点，对方竟然当着众人的面大声说："没钱为什么装有钱的样子？以后买不起单，请不起客，就不要喊我们一起聚会，和你这种人在一起，真的很丢人。"

这件事情对小超打击很大，他想不通的是，为什么付出了那么多，却丝毫没有换来那帮富朋友的尊重，反而让他一点尊严都没有呢？

生活中像小超这样的例子比比皆是。为什么这些人都很难得到应有的尊严呢？其中的原因自然也不难理解，一个丧失了自我人格的人，只知道卑微地去讨好他人，又怎么会被人看得起呢？

孟子的一句名言说得非常好："富贵不能淫，贫贱不能移，威武不能屈。"正所谓"自爱者人恒爱之，自尊人恒尊之"。想要赢得别人的尊重，让自我有人格上的尊严，就应自立自强，自重自爱。

想要得到别人的尊重，有以下两个小建议不妨参考一下。

1. 不必在乎其他人的情感勒索，活出自我

生活中有些人活得太卑微，不是为自己而活，而是为了面子、为了他人而活，小心翼翼、唯唯诺诺地应对他人的情感勒索，从而丧失了自我。正确的做法是，在人际关系的处理上，挺起胸膛，堂堂正正做人，越是自尊自重，越是能够赢得他人的认可。

2. 让自己拥有强大的实力

在人际关系中，实力是基础，自我强大了，自然会让人肃然起敬；自身不强大，再卑微也没有用处，越卑下反而越被人看不起。因此在任何时候，都应让自我有真才实学，拥有广阔的事业发展空间，自我变得强大了，人格尊严也就能得到充分的保障。

面对不合理的要求要懂得拒绝

不懂得拒绝他人，受伤的很可能是自己

受中国传统文化的熏陶，很多人潜意识里认为，拒绝他人的请求，似乎是一件非常不礼貌的事情，容易得罪人，伤了对方的心。然而，事实果真如此吗？

实际上，在对待拒绝这件事情上，我们应一分为二地看待。合理的请求，我们应当想办法去满足对方，不让他们的期望落空；反之，遇到不合理的请求，我们应委婉地拒绝，不让对方得寸进尺。

方凡自小家境不错，这也养成了他为人豪爽的性格。对待身边的

朋友，方凡总是出手阔绰，从不会做出让朋友为难的事情。

这种习惯陪伴了方凡很多年，即使在他成家立业之后，方凡依旧非常讲义气。每次和朋友、同学相聚，抢着买单的总是他。后来大家也就渐渐习以为常，不论谁组局吃饭，轮到最后，总是让方凡买单。

有一次，一位同学过生日，方凡和妻子一起出席。宴席进行到中间的时候，方凡的岳母打来电话，说是他岳父身体不舒服，急需去医院检查，希望方凡开车带着老人到医院一趟。

事出突然，加上是至亲关系，焦虑的妻子赶忙催方凡出发。方凡只好和朋友匆匆告别，和妻子急急忙忙离开了。

忙碌了一整夜，安顿好了岳父之后，疲倦的方凡累得直接倒头就睡。谁知此时，饭店的老板给方凡打来电话，看到丈夫睡着了，方凡的妻子就接通了电话。

在电话中，老板告诉方凡的妻子，昨天生日宴会的账还没有人结算，方凡的那些朋友尽兴之后，临走时告诉老板不用担心，明天方凡会来买单。

方凡的妻子听了之后，又急又气又怒，别人的生日宴，方凡还因为家里有事中途退席，即使这样，竟然让方凡买单，这也太不合乎常理了。当方凡醒后，妻子将老板的话语转告给方凡，让他不要理会。

方凡虽然也有点生气，但是他却不知道如何拒绝朋友的不合理做法，思来想去，最后还是强忍着不满，去饭店将账结了。

面对朋友不合理要求的方凡，认为自己大度一点，洒脱一点，就能交到真心的朋友，但无情的现实还是让他倍感失望。一年多后，方凡投资的生意出现了问题，急需一笔周转资金，方凡自信地拿起电话，和自认为的好朋友一一联系，请他们帮帮忙，借点资金周转。然而电话打了一圈，只有一个朋友答应借一万元，再多拿不出。而这一万元，对于需要庞大资金周转的方凡来说，无疑是杯水车薪。

从此之后，方凡彻底认清了这些朋友的真面目，因为自己不会拒绝，不懂拒绝，久而久之，朋友将他当成了"冤大头"，只知道一味地索取，从未有任何的感恩和回报心理。

方凡是个重情义的男子汉，不过由于他不懂得拒绝的艺术，反而一步步被朋友用情义勒索，最后落得伤痕累累，用惨痛的代价，才看清了这些朋友的真实面目。

懂得拒绝的艺术，不伤情面不伤人

通过方凡的案例，我们应该明白一个道理，在面对不合理的要求时，我们应当敢于拒绝。也许有人会为难地说："其实我也想拒绝对方，就是话到嘴边实在是说不出口，不知道该如何拒绝对方。有没有一个最佳的解决办法，既能推掉别人的不合理请求，又能照顾对方的面子呢？"

其实这就涉及拒绝的艺术，以下有几个小建议，不妨借鉴参考一下。

1. 拒绝的态度要柔和友善

面对朋友的请求，我们不能冰冷生硬地一口回绝。虽然这件事情确实有难度，但在朋友的眼里，我们这样做有一种高高在上的姿态，明摆着就是不肯出手相助，这种生硬的拒绝方式，很容易得罪人。最佳的办法，就是秉持"柔和友善"的方式，着重强调自身的难处，以取得对方的体谅。

2. 称赞对方，真诚表达

在拒绝的艺术上，抬高对方的说话技巧也非常关键。遇到朋友相求，但自己又实在是无能为力时，此时不妨说：这件事我感到非常棘手，水平实在有限，恐怕不仅不能帮到你，反而还会给你添乱。其实以我看，你绝对有水平胜任这件事，努力加油，相信你会做得更好。这样一说，是不是会让对方的心理感到平衡了呢？

面对朋友、同事的请求，有时不要觉得不好意思，该拒绝时就大胆表达自我的心声，勉为其难，最终受伤的反而是自己。

对于别人的评价不必过于在意

 不必过于在意别人的评价

每一个活在这个世界上的人，在集体学习、工作环境中，都会在不同程度上在意他人的看法和评价。

早上出门的时候，照一照镜子，看看自己的穿衣打扮是否青春靓丽。

马上就要召开重要会议了，抽时间赶快整理一下发型，一定要注意外表形象，不然让别人笑话了怎么办？

新接手的项目，感觉做得确实不是太好，不完美，不知道同事们会怎么评价我？好苦恼。

仔细对照一下，生活中的我们，是不是也有过上述这些举动和想法，时刻都在意外人的评价呢？其实不管我们是否承认，每个人都或多或少地在意周围人的看法，并将它纳入了我们的行为规范之中，在潜意识想象外人的评价时，自觉地调整个人的言行举止。

不可否认，在意外人的评价，蕴含着一种积极正面的价值导向。在人们的评价和议论下，有些人改变了穿戴邋遢的不良习惯；也有人因此会注重个人在公众场合的素养，不再随地吐痰、大声喧哗；更有人会在众议汹汹中收起恶念，不敢肆意妄为。

在承认外人评价的积极作用下，我们也要看到，太在意外人的评价和看法，很多时候，反而会让我们丧失了真正的自我。因为面对外人的赞美或贬损，我们的身心都会深受影响，或自傲自大、得意非凡，或自怨自艾、自卑敏感。在他人目光的注视下，很容易走向极端。

春秋时期，宋国国君宋襄公突然心血来潮，想要攻打郑国，确立宋国在诸侯国中的霸主地位。

郑国实力弱小，只好寻求强大的靠山庇护。在郑国国君的请求下，楚国路见不平，拔刀相助。宋襄公看到楚国出兵，带领军队和楚国军队在泓水两岸展开对峙。

然而一个有趣的局面出现了，向来标榜自己是仁义之师的宋襄公，为了得到天下人的赞誉，宣扬自己讲究仁义，命人特意缝制了一面旗帜，上书"仁义"两个大字。

等到楚军发起渡河行动时，大臣公孙固劝说宋襄公，楚军刚刚渡河过半，此时发起攻击，宋军将获得大胜。谁知宋襄公却回答说："我非常在乎天下人对我仁义之举的看法，此时乘人之危击杀楚军，显然是不仁义的举动，我不能这样做。"

随后，楚军全部渡河完毕，在河岸边排列好阵势。公孙固又劝说宋襄公，此时趁着楚军立足未稳，宋军发起攻击，还有获胜的机会。哪知宋襄公依然摇头道："这样做，天下人会耻笑我的，我们宋军就要光明正大地和楚军正面相抗。"

楚军排列好阵势，和宋军混战在一处，实力较弱的宋军，哪里是楚军的对手，很快就败下阵来，宋襄公本人也在这场大战中身负重伤，差一点丢了性命。

宋襄公的事例说明了一个道理，那就是一个人如果太在意他人的看法与评价，自己的身心将会被束缚，做事畏首畏尾，越是在意外人的看法，越容易贻笑大方，成为众人的笑柄。

走正确的路，无惧流言蜚语

哲学家尼采说过这样的一句话："千万不要忘记，我们飞翔得越高，我们在那些不能飞翔的人眼中的形象，就越是渺小。"

尼采的话语，其实和鲁迅先生说过的一句话有着相似的内涵："走自己的路，让别人说去吧！"

在人世之间，一个人太在意外人的看法和评价，会让自己活得非常累。为什么非要迁就别人，做一个讨别人喜欢的人，而不是讨自己喜欢的人呢？人生的路各有不同，只要我们选择的方向和道路是正确的，就应大胆无畏地走下去，他人的非议和褒贬，又与我们何干呢？

其实仔细想一想，在经历了人生的风雨和沧桑之后，我们自然就会明白，活出自信和坦然，才是真正的自我。你需要清楚的是，在这个世界上，没有太多的人去在乎你、关注你、评价你，你所认为的看法和意见，很多时候只是一种自我想象而已，太在意别人的评价，自然会让你身心负累，疲惫不堪。

实际上，在这个世界上，真的没有人有那么多的时间和精力去关注你。当你受伤了、跌倒了，或是遭遇了人生的重大挫折等，也许会以为自己将成为他人眼中的笑料，实际上，可能是你想多了。

退一万步来说，即使他们有这样或那样的看法，也真的没有那么重要，没有人是完美无缺的。只要你行事堂堂正正、光明磊落，又何必在意外界的流言与非议呢？

当我们在面对这种局面时，请放下一切包袱，以强大自我为根基，等自我强大了，那些所谓的评价与看法，仿佛如轻薄的蜘蛛网一般，轻轻地挥手，便可以将其轻松地抹去。

勇敢面对冲突，然后巧妙化解

 胆小怯懦，能有效避免冲突吗？

在人际交往过程中，人与人之间的矛盾冲突，屡见不鲜。毕竟因为立场、利益、看法乃至习性的不同，在相互对立的双方之间，极容易爆发或大或小的矛盾冲突。

在面对种种矛盾冲突时，不同的人，有着不同的表现。有些人敢于直面这种矛盾冲突，采取办法将其化解；而一些胆小怕事的人则会回避现实，逃避矛盾，像沙漠中的鸵鸟一般，将脑袋深深地埋藏在沙子之下。

显然，那些胆小怕事的人，思维是极其幼稚的，不去解决矛盾，不能很好地化解冲突，有时反而会使矛盾的发展愈演愈烈，终将被其"反噬"。

王超大学毕业后，进入了一家大型互联网公司工作。作为名牌大学的毕业生，王超从进入公司开始，便成了一名基层管理者，带领一支团队开展工作。这种礼遇，让王超充满了战斗力，他暗暗下定决心，一定要做出一定的业绩，在短时间内，能够晋升到公司的中高层。

或许是自己为人太过小心，也或许为了能够获得一个好人缘，争取早日获得晋升。工作中的王超，尽量和同事以及上级之间搞好关系。有时遇到不公正的对待时，王超也往往回避矛盾冲突的产生，采取息事宁人的做法，不愿和他人产生不愉快。

谁知见人三分笑、一副老好人模样的王超，却未能获得理想中的晋升。在复杂的人事关系和人际关系网中，很多同事将王超的退让视作一种软弱可欺。

比如在王超带领的项目小组取得了一定的成果后，其他相关项目小组的负责人，就会纷纷跑到上司面前邀功请赏，最后还把王超贬损得一无是处。做出了成绩，受不到应有的肯定，这让一向主张以退让为主的王超困惑万分，最后无法在公司生存下来的他，只好离职走人。

其实在职场中，类似王超这样的案例，数不胜数。很多职场人士都有类似王超的遭遇，在矛盾冲突面前，不敢据理力争，做不到针锋相对。这种害怕矛盾爆发，不愿意正视冲突的人，久而久之，便成了

情绪管理成就更好的自己

别人眼中的"软柿子"，任人欺凌。所以，自身胆小怯懦不仅无助于矛盾冲突的解决，反而会被逼得无路可走。

发生冲突不可怕，正确应对是王道

巧妙化解矛盾冲突，是一种人生智慧，更是一种高情商的体现。那些被人赞赏的聪明人，他们无一不是化解矛盾冲突的高手。他们丰富的人生经验和智慧的做法，值我们学习参考。

1.面对冲突，先从自己身上寻找原因

既然双方之间爆发了激烈的矛盾冲突，从常理上判断，一般不完全都是对方的原因，很多时候，我们自身也有种种缺点和不足。如果只想着去指责别人，让别人礼让三分的话，根本无助于矛盾冲突的解决，反而会使矛盾加剧。

进一步讲，从自己的身上寻找原因，本质上是一种自我反思的过程，在反思时，可以让我们保持冷静和沉默，这种方式，有助于缓解矛盾冲突双方对立的情绪。

2. 强化一致性沟通

什么是一致性沟通呢？其意思是，在和对方沟通的过程中，一方面要能够以真诚的态度，将自我的意见和想法充分表露出来；另一方面，也要注重对方的情绪感受，学会换位思考，懂得站在对方的立场上去想问题，以"坦诚布公"为最大原则，争取最大限度地获得对方的谅解，将矛盾化解于无形之中。

3. 注意规范自我的肢体语言

沟通，要站在兼顾双方利益共同点的立场上，要秉持开诚布公的原则。除此之外，我们还需要注重自身的肢体语言。

很多时候，在矛盾冲突爆发之后，为了化解这种冲突，我们愿意沟通，也拿出了最大的诚意。然而常会忽略一些非语言性的表达，不注重肢体语言，如撇嘴、抖腿、无所谓地耸肩等小动作，这些非语言性的肢体动作，在对方看来，是一种不尊重的体现。在沟通中如果忽略这些非语言性的表达，有时不仅无助于矛盾冲突的解决，反而会进一步加大矛盾冲突。所以，规范肢体动作，会在很大程度上提升我们的有效社交能力。

努力提升自我价值感

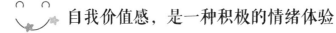 自我价值感，是一种积极的情绪体验

对于大多数人来说，自我价值感是一个陌生的词语。实际上，在日常工作中，自我价值感作为人们内心深处的一种潜意识，一直陪伴在我们左右，只是很少有人会意识到而已。

简单地说，自我价值感，是指个体对自我的看重，认为自身的才能和品行，得到了周围人的肯定和赞赏，由此产生的一种自信、愉悦的情绪体验。从其内涵上看，自我价值感是个体对外界评价的积极心态反馈，在这种积极心态的引导下，我们会变得自尊、自强、自立，

并从中获得成就感、满足感。

和积极、自信的自我价值感相对应的，是极度的自卑感。当人们的自我价值感遭到否定时，感觉自己是一个多余的废人，这一消极的情绪体验，会让人自暴自弃，感觉世界都是灰暗的色调。

当代著名女作家三毛曾说过这样的话语："我们不肯探索自己本身的价值，我们过分地看重他人在自己生命里的参与，过分在意别人的评价。也正因此，孤独不再美好，失去了他人，我们也会倍感惶恐不安。"

在人世之间，我们最大的错误，就是太在意他人的看法与评价，并为此背上沉重的思想包袱，进而导致消极情绪的产生，越发自卑起来。

梦竹大学毕业后，进入了一家金融公司工作。刚进入这家公司时，梦竹认为凭借自己专业的优势，一定会在短时间内做出优异的成绩，赢得上司的欣赏。

然而工作了一段时间之后，梦竹发现理想和现实之间的差距实在是太大了。专业上的那些理论知识，在实际工作中并没有发挥出多大的作用，想要做好工作，很多时候需要丰富的实践经验，看得多，见得广，在应付复杂的任务时，自然会游刃有余，否则仅凭一点点可怜的理论知识，难以很好地胜任这份工作。

对自我价值感的否定，渐渐地让梦竹感到非常自卑，每做错了一件事情，梦竹都觉得周围同事在用异样的眼神看她，即使同事正常的附耳交流，也让梦竹的脸上感到火辣辣的，认为他们在私下里嘲笑自己。

有一次，总经理招待一位重要的客户，梦竹前去接待时，不小心打翻了茶杯，导致场面有些尴尬。虽然是一件很小的事情，不过长期处于自卑情绪体验中的梦竹，当即崩溃了。

回到自己的工位，梦竹趴到桌子上默默流泪，心想自己有什么用处呢？连这样的一点小事情都做不好，真是一点存在的价值都没有。

幸运的是，总经理及时察觉到了梦竹的自卑心态，他将梦竹叫到办公室，和蔼地安慰她说："你知道吗？同事们对你的表现，一直赞不绝口！"

梦竹睁大了眼睛，一时间怀疑自己听错了。总经理接着说道："你来公司之后，做事勤快，每次都主动打扫卫生，同事间谁有事情，你也经常热心地顶上去，用自己最大的努力，减轻对方的负担，这些都让同事非常感激你！好好干，咱们公司上下，都非常看好你。"

总经理的一番话语，让梦竹喜极而泣。她原以为自己在同事眼里一文不值，哪知大家对她的评价如此之高。从这次谈话之后，自我价值感得到提升的梦竹，心态变得更加积极起来，自信快乐的笑容洋溢在她的脸上。半年之后，熟悉了工作流程的她，业绩名列前茅，这让梦竹的工作热情更加饱满了。

从梦竹的案例中不难看出，自我价值感是一种积极正面的情绪体验，在这种乐观情绪的鼓励下，会激发出我们对生活的热爱和信心。

学会提升自我价值感

我们应该不断地提升自我价值感，越积极，就越自信，越自信，就越努力，循环往复，形成了一个良性的闭合圈，这将促使我们一步步走向成功的巅峰。

然而问题是，如何才能提升自我价值感呢？实际上，提升自我价值感并不难，做到以下几点，我们会发现打开了另一道人生的大门。

1.给自己规定目标

目标不在大小，重在完成度。比如每一星期，我们都给自己设定一定数量的小目标，每完成一个目标，就在目标制订计划的后面打上一个小勾，以此来不断地激励自我。

2.时时鼓励自己，为自己感到骄傲

每一天的日子都是平凡的，然而这平凡的日子，因为自己全身心地参与而变得有意义起来。也许我们一直在做着一些微不足道的小事，然而小事之中，也充满了乐趣。因此，在每一天即将结束的时候，临睡前的我们，不妨将这一天中最值得自豪和骄傲的事情记录下来，以此来提升自我的价值感。

3.持续不断地学习

俗话说："活到老，学到老。"一个人自我价值感的提升，和他不断地"学习充电"有关。紧跟时代的步伐，多督促自己努力学习，不断地提升自我的技能，做到了这些，也将会得到满满的自我价值感。

自己的人生自己来负责

 别让他人的目光，拖延了我们的生活

有一个很具有哲学性的话题，曾引发了人们的热议："我究竟是为了谁而活着？为了自己，还是为了他人？"这样的一个看似简单的问题，真正去回答时，反而又感觉无从说起。

我们是为了谁而活？是为了自己吗？很多时候，我们想要为自己而活，却又在种种现实面前，不得不选择妥协。

我们想砍柴喂马，周游世界；面朝大海，春暖花开。然而，当我们将内心深处这种浪漫的想法告诉身边人时，他们会一脸不屑地说：

"你真是太异想天开了，没有稳定的工作，没有充足的积蓄储备，你有能力实现周游世界的梦想吗？"

身边人异样的目光，带着讽刺，让我们不得不压制住内心那点浪漫的想法，回归现实。即使偶尔有一丝反抗，也会被周围人强力阻止，他们的各种说服，让我们本不坚定的内心，开始动摇了。

紫涵从小就有当一名画家的愿望。从上初中开始，她就经常抽出时间，学习绘画技巧。等到高二分班时，紫涵想要上艺术班，却被父母给阻止了。父母一副语重心长的样子，教育她说："艺术类考生的出路很窄，难道你指望能够通过绘画来养活自己吗？我们看这种想法非常不现实，你还是选择一些热门专业比较好。"

就这样，紫涵第一次冲击人生梦想失败了，她遵从父母的心愿，在高考结束后，选择了一门热门专业就读。

大学毕业后，紫涵和大多数女生一样，找工作，结婚生子，日子过得平平淡淡。有一天，紫涵无意中翻到了她大学时候的画册，画册中寄予了她美好的愿望和理想。感慨万千的她，向丈夫说出昔日的梦想时，谁知又遭受到丈夫无情的打击："现在看看你都多大了？真要有艺术天赋的话，早就成名了，这个年龄，学什么都学不精，还是安安稳稳地生活吧！"

紫涵暗暗地叹了一口气，在重新锁起画册的那一刻，她就知道，曾经的梦想，终究也只是梦想，在现实面前，缺乏勇气的她，只得选择低头。

上述案例中的紫涵，因为太在意周围人的目光和看法，才导致她距离自己希望的人生越来越远，一生都活在外人评价的阴影之下。

不要让他人的目光，拖延了我们追求生活的脚步。有时只是一点点微不足道的小事，反而让我们纠结万分，前怕狼后怕虎，唯唯诺诺，胆颤心惊，生怕事情的发展超出我们的掌控，而被其他人非议。人生如此负累，这又是何苦呢？

☺ 风雨兼程，只为遇到更好的自己

日本著名作家村上春树曾说过这样一句话："不管全世界其他人怎么说，我都认为自己的感受才是最为正确的。无论别人怎么看，我都不会打乱自己的节奏。"

村上春树的话语告诉我们，在人生的长河中，我们何必太在意他人的话语与看法呢？ 要为自己而活，也应当为自己而活。

当我们认准了正确的目标，树立了远大的理想，就安安静静地去做，不要问值不值，从今天起，从现在起，要对自己的每一分钟负责。时间是最好的证明，他人的非议和指责毫无意义，除了自己，任何人都依赖不得。反求诸己，自己的人生，只能是自己来负责。

一位热爱生活的诗人，为了实现"读万卷书行万里路"的人生愿景，在全国各地四处游走，追寻着自我的人生理想。

曾有人问他："你这样在各个城市中间奔波往来，家里人支持你吗？ 有没有收入让自己更好地活下去呢？"

诗人的脸上露出了平静的笑容，他心平气和地回答道："我既然

情绪管理成就更好的自己

选择了自己喜欢的生活，就是为了活成真正的自我，其他的物质外在，不是我考虑的问题。"

诗人的话语，直击灵魂深处。实际上，我们静下心来仔细想想，人的生命只有一次，如何活出自我，活出人生的精彩，才是我们值得追求的方向。任何时候，在条件允许的情况下，我们一定要遵从自己内心的想法，多爱自己一点，努力去成就自己。同时，自己选择的路，自己一力承担，为自己的人生负责。

心 情 语 录

　　情绪勒索是一种令人无限烦恼的情感"绑架"，很多人在无穷无尽的情绪勒索中失去了自我。其实，摆脱情绪勒索并不难，首先，要把关注的重心放在自己的身上，自尊自信，做真正的自我；其次，不要在意别人的评价，面对不合理的要求敢于说"不"；最后，要努力提升自我，早日与未来更好的自己相遇。

第五章

智慧的你
应练就阳光心态

人的心态，是内心对外界客观事物认知与情绪反应下的一种心理投射。在这种投射下，聪明睿智的人，能够拥有积极的心态，因为他们懂得唯有积极的心态，才能促使自我富有朝气和进取心，化不利为有利，变被动为主动。而那些悲观失望的消极心态，带来的只有自怨自艾的负面情绪，阻碍自我的人生发展。所以，智慧的你，人生路上，练就阳光心态是第一。

经常微笑，你的内心就会布满阳光

笑对生活还是抱怨生活？

乔·吉拉德曾说："我要始终用微笑面对这个世界，那么这个世界也会始终用微笑回应我。"

海伦·凯勒也曾说："当我面对阳光时，就无惧阴影。"

两位著名励志大师的话语，都传递着同样的意思：在任何时候，我们都要心怀阳光，微笑以对。

人生在世，对于大多数人而言，本就是一场坎坎坷坷的旅程，在前行的道路上，有风也有雨。然而，在这些艰难困苦面前，我们应当以怎样的情绪状态应对呢？

在逆境之中，有些人心生愤懑，怨气冲天，越抱怨生活，生活带给他的打击越大；有些人笑对生活，坦然处之，在积极的情绪激励下，反而能走出人生的低谷，领略人生的胜景。

可可来自一个农村家庭，父亲去世较早，留下她和母亲相依为命。

为了赚钱养家，可可的母亲常年操劳，到可可读高中时，她的母亲由于经年劳累病倒了。

一场治疗下来，花光了可可家里面仅有的一点积蓄。更让人无奈的是，可可的母亲出院后，再也不能操持家务了，每天卧病在床，离不开各种药物。可可一边读书上学，一边还要抽空回家照顾母亲。

对于一个成年人来说，照顾一个病人尚且非常吃力，何况可可还是一名高中生呢？家庭的重担，就这样全部压在了她稚嫩的肩膀上。

然而，生活的变故并没有压倒可可。每天照顾母亲吃饭吃药后，可可就又风风火火地赶往学校，性格开朗的她，依旧快乐地和同学们打成一片，乐观向上，勤奋学习，从来没有任何的抱怨。

高考分数出来后，可可以班级第一的好成绩，成功地被北京一所著名大学录取。当班主任怀着喜悦的心情联系可可时，才得知她在一家餐馆打工，赚取大学学费。

带着疑惑，班主任来到了可可的家里，这才了解到了可可家真实的生活情况，班主任当场就动情地落泪了。家里如此困难，可可却从未向老师、同学寻求过帮助，一直笑对生活。

看到班主任难过地落泪，可可还反过来安慰她："这两年，妈妈的病情得到了很好的控制，我马上就要读大学了，相信再坚持几年，等到我有了工作，家里会过得越来越好。"

面对苦难，可可选择了积极的阳光心态，她相信，只要始终昂扬向上，生活一定不会辜负自己。

晓峰的人生故事，恰恰和可可相反。晓峰有一个温柔贤惠的妻子，还有一对活泼可爱的双胞胎，他是同事们竞相羡慕的对象。

晓峰却不这么认为，在同事面前，他每天都是一副愁眉苦脸的样子，动不动就唉声叹气。同事询问他原因，晓峰就皱着眉头抱怨说："妻子为了照顾孩子，不能工作；再加上养育两个孩子的生活成本非常大，这让他苦恼万分。"

同事们听了他的抱怨，都不由面面相觑。和同龄人相比，晓峰现在的生活，已经算是非常幸福了，换作别人，肯定是开开心心的样子，他们不明白晓峰为何"身在福中不知福"，天天抱怨不休，有时还和妻子大吵大闹，这又是何苦呢？

显然，可可和晓峰是典型的反差对比。以微笑面对生活，苦难阻挡不了奋斗者前行的脚步；天天一身负面情绪，内心自然会被阴霾笼罩，照不进和煦的阳光。

微笑，是生活态度，更是人生智慧

曾有一句广为流传的话："谁的生活不是一地鸡毛？"事实上，对于大多数芸芸众生而言，生活苦乐相伴，悲喜交替，唯有微笑，才能驱散那些不快和忧愁，在人生路上行稳致远。

然而，有人会说，我们也非常想以微笑面对生活，让自己奋发振作。可是在现实中，很多时候被琐事缠绕，受挫折打击，有什么秘诀能让我们每天保持微笑吗？

秘诀一：告诉自己，苦难终将会成为"过去式"。

人们都讨厌苦难，畏惧苦难，但苦难不会因为人的主观意志而绕着我们走。

所以，当苦难挫折来临时，我们一方面要积极应对，另一方面也要暗暗告诉自己，没有过不去的火焰山，只要坚定信心，一切都会过去，也必将过去，无须每天唉声叹气，愁眉不展。

秘诀二：有压力才有动力。

每个人都会遭遇人生逆境，深陷低谷苦苦挣扎。然而，越是身处困境，越要将压力当作动力，激发我们身体内的潜能，因为不拼一把，你都不知道自己有多么的优秀。

纵观古今，做出一番大事业的人，都是经历了无数波折起伏，最终百炼成钢，化为绕指柔。曾国藩"屡败屡战"的乐观信念，正是我们学习效仿的对象。

秘诀三：人生态度决定人生高度。

人生态度，反映着人们以什么样的心态和生活做斗争。积极、乐观、自信、昂扬的心态，会让我们将困难和挑战，当作一种人生乐趣来看待，有信心一往无前，取得最后的胜利。

反之，消极、颓废、悲观、绝望的心态，会使我们情绪低沉萎靡，一道坎就把我们绊倒了，漫漫人生路，就这样提前"打退堂鼓"了。

因此，我们应该选择什么样的人生态度面对生活，难道还不明白吗？

切莫患得患失，珍惜当下最重要

得失心太重，不是好事情

在行为心理学中，存在有这样一类特定人群：他们每天患得患失，因为爱情、工作、生活等，常常整日忧心忡忡，不得安宁。

谈了一个漂亮的女朋友，每天变着花样哄女朋友开心，生怕哪一天女朋友会提出和他分手。女友高兴了，自己也跟着高兴；女友生气了，就各种胡思乱想，想自己究竟哪里惹得对方不开心了，对方会不会因此突然离他而去？

在单位工作，每天思考的事情是如何升职加薪，或者是保住现有的职位。单位的人事变动一有风吹草动，神经就会高度紧张，无比敏感，担心会出现自己不愿看到的结果。每日因为精神上的焦虑，使得自己身心俱疲，没有心思去认真工作。

这样的一类人，在现实生活中有很多。患得患失，得失心太重，是他们生活的常态。

总结这一类人患得患失的典型特征，有这样三个方面。

一是精神太过焦虑，害怕失去。对待恋人如此，对待自身的职位也是如此。甚而可以说，他们对所有现时拥有的东西，都会表现出极度焦虑、惶恐的心态，担心明天一早醒来，一切都离他们而去。

二是奢求太多，欲望太重，不满足。心理上患得患失的人，除了害怕失去一切之外，他们还有另外一个表现，就是永远不知道满足，得到的想要永远占有，得不到的也一直在暗中蠢蠢欲动，占有欲望极其强烈，妄想将所有利益都抓在自己的手中，并为此费尽心机，劳思伤神。

三是把握不住现在，掌控不了未来。得失心太重的人，因为一直让自身的情绪处于高度敏感、焦虑、紧张等状态中，所以这一类人，每天的心思都花在了无意义的行为举动中，正像握在手中的沙子一样，越是握紧手指，想要留住更多的沙子，流沙反而越是快速地从指缝间滑走。

在这样的一个状态中，现有的人和事，他们不仅把握不住，未来的人生发展，他们更掌控不了，终日杞人忧天，他们宝贵的青春和生命，都浪费在了毫无意义和用处的焦虑与不安上，最终一事无成，也一无所有。

珍惜当下，人生才会更加美好

患得患失的心态，让人极易产生不安、烦躁、忧愁、焦虑等负面情绪，在这些负面情绪的影响下，人的精神衰弱不堪，言行举止乖张另类，成了大家眼中"神经质"般的存在，人人敬而远之。什么才是应对患得患失心态的最佳方式呢？学会珍惜当下，我们的人生才会展开美好的画卷。

唐代大诗人孟浩然，有着出众的文学天赋，在诗词歌赋方面，文采飞扬，造诣颇深。

然而，在最初，孟浩然的人生志向，是希望能够在仕途上获得一个良好的发展，以光耀门楣。带着这种功利心，孟浩然投身唐朝官场之后，一直想着如何能够获得唐玄宗的青睐，以平步青云。

为此他费尽心思，寻找各种机会在唐玄宗面前表现自己，哪天玄宗皇帝高兴了，夸奖他两句，他就会高兴万分；但如果感觉这几天玄宗皇帝对他不冷不热，内心深处就张皇失措，茶饭不思。

然而，越怕什么越来什么。有一次，孟浩然因为一件事情惹恼了唐玄宗，唐玄宗彻底疏远了他。官场失意的孟浩然，神情落魄地离开了都城长安，回到乡下闭门思过。

经过一段时间的自我反思，孟浩然突然醒悟了。宦海沉浮，与其蝇营狗苟绞尽脑汁钻营，莫不如放下得失之心，寄情于山水之间，回归真实的自我。

从此以后，悟出了人生真谛的孟浩然，游走于美好的大自然之间，以山水为乐，创作出了许多脍炙人口的诗歌，流传后世。

孟浩然人生前后发生了重大转变，其中的原因，就在于他鼓起勇气，放下了患得患失的不良心态，和过去的自己告别，以平和坦然的心境，接受了自我的人生之路。

内心没有了荣辱得失，自然也就少了很多矛盾和纠结，珍惜当下的他，反而活出了另一种精彩的人生。

静下心来认真地想一想，其实很多时候，人生就是如此有趣奇妙：你越是焦虑忧愁，患得患失，你的人生就变得越糟糕；放下纠结的心态，轻松自在，秉持"水流云在"的坦然从容心境，你将拥抱更为美好的人生。

明白了这样一个道理，那就请你一定要远离患得患失的心态，甩下沉重的思想包袱，轻装上阵，珍惜当下，快乐也就不请自来了。

达观积极，知足才能常乐

不满足，让我们失去了很多

知足常乐，是一种平和从容心境的体现，是一种坦然自信的生活态度，更是一种豁达乐观的人生智慧。懂得知足的人，他们的人生往往更加精彩和有意义。

然而，在现实生活中，很多人不懂得知足常乐的道理，常常因为不满足而徒增烦恼，自怨自艾。

月入过万，却要去羡慕那些腰缠万贯的富豪，认为他们挥金如土、纸醉金迷的生活，才是精彩的人生；工作稳定，却又感觉枯燥乏味，内心时时向往着"诗和远方"的自由生活；儿女双全，活泼可爱，家庭幸福，但总是感到缺乏激情，厌倦平静的日子。

在不懂得满足的人心里，任何时候，拿自己和他人相比，一直有一种不如别人的感觉。得陇望蜀，这山望着那山高，大多数时候，纵然他们已经站在了一个相对较高的人生起点上，可内心深处，还是为不满足而抱怨不休。

那么，什么时候，什么样的人生，他们才会感到满足呢？在无穷无尽的欲望驱使下，如果没有满足的心态，不能明白知足常乐的道理，这一部分人永远不会有满足的时候。

寓言故事猴子下山，就非常形象地刻画出了这类人的心态和表现。

猴子下山后，看到碧绿的西瓜，赶忙摘了一个；走了不远，又来到玉米地里，鲜嫩的玉米让它欣喜若狂，忙扔掉西瓜，掰了几个玉米棒子准备带回去。

就这样，一路上，猴子看到什么都想要占为己有，始终没有心满意足的时候。谁知等到天黑之后，它却两手空空，一无所获，原因就在于不知道满足的它，让欲望蒙蔽了双眼，最终犯了"捡了芝麻丢了西瓜"的错误，看似精明无比，实则愚蠢不堪。

一位画家，辛辛苦苦忙碌了大半生，在省里面有了名气之后，他想着让自己名闻全国；在国家级的绘画领域站稳了脚跟后，他又想着如何冲击世界画坛，从而名扬四海，流芳百世。

在这种不满足心理的驱使下，画家醉心于名利场中，不顾家庭，不去过问子女的人生成长，终于有一天，他忽然患上了一种严重的疾病，几乎为此送命。

在病中，画家认真地反思了自己的前半生，突然醒悟了：为什么非要活在名利的追求之中，而忘记了真正的人生意义呢？名气大不大没关系，只要满足了对艺术的追求就行；赚钱多不多没关系，够花够用就可以；房子宽敞不宽敞没什么，自己感觉舒适温馨就好；幸福健康地活下去，本身就是一种最大的人生财富。

想通了这一切之后，画家积极地调整自我的心态，养成乐观平和的性情。有了满足的心态，从容的心境，他的病情也得到了很好的控制，很快便痊愈出院了。

很多时候，我们常会悄悄地将自己和他人放在一起暗暗比较，一有差距便闷闷不乐，烦恼忧愁，感觉自己过得实在是太不如意了。殊不知，珍馐美食，不过是一日三餐；功名利禄，也只是过眼云烟，真正的人生真谛，恰恰在幸福温馨的平凡日子里。所以，最重要的就是让自己始终能够拥有一颗知足常乐的心。

不快乐，请调整心态

明明拥有了很多，得到了很多，但是很多人为什么常常感到不快乐呢？其中的关键因素，还在于他们没有调整好自我的心态。

达观积极的正面情绪状态，懂得满足的充实心境，会让我们从中发现生活最真最美的那一面。

古时候，有一个读书人，家境贫穷，科举考试也不是太如意，一生只考了一个秀才的功名而已。

即使这样，每天劳作之后，这名读书人便开始秉烛读书，读到高兴时，常会开怀大笑。

他的妻子见状，感到非常不理解，于是问他："你看看我们过得是什么日子？一日三餐，都是粗茶淡饭！你再看看你自己，读了大半辈子书了，连个举人、进士都考不上，真的想不通你为何每天还乐呵呵的，难道就不感到忧愁吗？"

读书人听了，并没有责怪妻子的唠叨和埋怨，反而一脸笑容地劝说妻子："我们有幸生活在太平盛世，生活虽然过得贫穷一些，但也安安稳稳，踏踏实实。就拿我自己来说，读书是为了知晓天下事，明白天下的道理，精神上愉悦满足，虽然考不上举人进士，但这又有什么关系呢？只要我们夫妻恩爱，家庭和睦，我认为这就是最大的幸福。"

这位读书人话语中的意思很明白，和乱世之中颠沛流离的民众相比，虽然他们一家贫穷了些，但生活上总体稳定幸福，比上不足，比下有余，应当知足常乐。

由此可见，只有那些不懂得知足的人，才会抱怨生活一团糟，只要拥有好的心态，幸福其实就在身边。

过去的终将过去，未来才可期

人生没有彩排，懊悔过去只会浪费生命

在看待自我人生发展上，经常听到身边人抱怨说："孩子现在长大了，却越来越叛逆，和他说什么都不听，真是后悔死了，当初如果能拿出时间，好好陪陪他，开导他，建立好亲子关系，局面恐怕就不是现在这个样子了。"

"前几年，一家不错的单位借调我过去，那时考虑离家比较远，生活不太方便，就拒绝了对方。后来一名同事去了，现如今升职加薪，春风得意，真是羡慕，我以后恐怕不会有这样的好机会了。"

"和朋友投资做生意，后来市场行情不好，我主动撤资，哪知道转过年来，市场行情回暖，朋友大赚了一笔。真后悔当初没眼光，不敢坚持下去。"

生活中，类似这样的抱怨有很多。如果仅仅是抱怨一番就罢了，最可怕的是，有些人一直懊悔自责，沉迷在过去的失误中不能自拔。过去的就让它过去，深陷其中内疚焦虑，又有什么用处呢？

小新在上高三的时候，嫌弃学习压力大，不顾父母的劝阻，果断退学，背着行李去南方打工了。

在他单纯的想法里，打工无非是付出点体力，这要比枯燥的学习轻松多了。谁知进入企业之后，小新才发现事情没有那么简单，作为流水线上的一名员工，繁重的劳动强度压得他常常喘不过气来。有时加班加点赶工期，连喝水的时间都没有。

转眼间几年时间过去了，小新还是一名生产线上的普通员工。他也想试着改变自己的现状，去竞聘主管，但他没有文凭，自然难以成功升职；想要跳槽改行，又没有什么过硬的技术，只能日日蹉跎，在浑浑噩噩中度过。

更让小新难堪的是，春节回家聚会时，他昔日的那些高中同学，大多读了大学，有了一份体面的工作，计划买车、买房，一步步规划着在大城市的奋斗蓝图。

没有比较就没有伤害。每每和衣着光鲜、谈吐优雅的同学们站在一起，小新就不由自惭形秽。因为看不到未来，急躁焦虑的他，心态渐渐崩溃了，他一面懊悔自己当初没有好好学习，一面无比厌倦毫无希望的打工生涯，最后索性离职，一个人躲在出租屋里，玩手机，打游戏，自甘沉沦。

可以预见的是，小新如果就此放弃追求生活的脚步，他的一生都将在颓废的人生状态中度过。每个人都可以为过去的选择懊悔自责，但千万不能熄灭心中那盏希望的灯火，一定要摆脱这种负面情绪的干扰，跌倒了又何妨？重新站起来，努力前行。

向前看，行动起来，你就赢了

有句古话说得非常好："往事不可谏，来者犹可追。"过去的事情，难以弥补，那就让它过去吧，重要的是，我们应当向前看，去抓住未来，发奋努力，补偿过去的损失。

北宋时期的大文豪苏洵，文章名动千古，可是谁能想到，他直到二十七岁的时候，才想起发奋读书呢？

原来苏洵的家境非常不错，在蜜罐中长大的他，自然不肯下功夫读书，觉得自己每天生活优哉游哉，读书那么费脑筋，何必自讨苦吃？

但后来他看到身边的人，通过读书考取了功名，受人尊敬，也开始懊悔起来，不由动了读书的心思。

然而，此时苏洵已经二十七岁了，在古代，这个年龄的他已经是超大龄青年了，这个时候才想起努力读书学习，晚不晚呢？

苏洵认为既然没有好好珍惜过去的光阴，那就不要迟疑，立即行

情绪管理成就更好的自己

动。从此之后，苏洵痛改前非，发奋读书。

几年后，苏洵参加科举考试，屡屡不中。拥有良好心态的他，没有怨天尤人，反而从自身上寻找原因，认为自己天资不够，还没有下足力气学习。

自此，他闭门不出，如饥似渴地博览群经，直到他快要四十岁的时候，才学业有成，彻底将学问读通、读透。而且在他的带动下，两个儿子苏辙、苏轼也勤勉好学，最终，"苏门三学士"成了宋代文坛的一大标杆。

苏洵的人生故事告诉我们，只要努力，什么时候都不晚。最怕的是，我们虽然意识到了自我过去的种种错误，却不能付诸行动，没有一个奋起直追的好心态，一辈子也只能在自责内疚中碌碌无为地度过了。

向前看，认识到自身的错误，就立即行动起来，这样的两个原则请牢记。

原则一：错过了月亮，请不要再错过群星。

因为年少无知，因为行事鲁莽，或者其他种种原因，让我们错过了很多很多。但请你千万不要怕，只要努力，还有更为美好的未来等着我们。反过来，一味沉迷过去，只自责而不去想办法改变现状，那么错过了月亮，也必将还会错过璀璨的群星。

原则二：喊口号一百遍，不如脚踏实地行动一次。

当有想要重新振作的念头时，不要空喊口号，坐而论道，不如奋起直追，空想是改变不了现实的，只有实实在在的行动才可以。

成功没有早晚，大器晚成的人比比皆是。错过了，笑笑过去就好，关键在于现在，抓住当下，依旧能把握好自我人生发展的方向。

人生难得一糊涂

 糊涂难得，糊涂是人生大智慧、大气度

清代著名画家郑板桥，将自我的人生经验浓缩成了这样四个字："难得糊涂"。他在这里告诉世人，做人不妨糊涂一点，太清醒的人，时时事事都要较真，眼里不容半点沙子，那样反而让自己徒增无数的烦恼，活得又苦又累。

所以，不如在适当的时候，糊涂一些，看开一点，计较少一点，人生反而会轻松很多，快乐很多。

一家医院的病房里有两个病人，他们都患上了同一种病，病情的发展程度也相差无几。

一号病人自从住院之后，总担心治不好，一有机会便追着医生询问他的病情能不能得到控制。每天提心吊胆、茶饭不思，总是一副忧心忡忡的模样。

而二号病人心态非常好，泰然处之，什么都不问，该吃吃，该喝喝，积极地配合医生的治疗。

有一天，一号病人无意中听护士说到他们两人的病情，断言他们两人活不过半年。他听了之后，吓得脸色苍白，还赶快将这一不幸的消息告诉了二号病人，谁知对方一笑置之，根本就没有放在心上。

三个月后，又惊又怕的一号病人抵挡不住病魔的侵扰，没熬过半年的时间便去世了；而二号病人竟然挺过了一年的时间，病情依旧没有太过恶化。

故事中的两个病人病情一致，为何会出现这样大的反差呢？分析其原因，还在难得糊涂上。一号病人太过清醒，自己把自己吓死了；二号病人随遇而安，不去想、不去问，心态放松，自然有利于病情的治疗，依然活得好好的。

故意糊涂的人，其实并不傻，他们才是真正具有人生智慧的人。这些人往往拥有大度的心胸，看透不说透，不让外界的人和事干扰到自己的好心情。

可欣身材高挑，容貌漂亮，做事干练，很受领导的器重。

也许是出于嫉妒心理，她的一名同事四处造谣生非，说可欣就是长了一个好皮囊，其实腹中空空，没有什么真本事，每天靠着花言巧语讨取领导的欢心。

风言风语传到了可欣的耳朵里，在其他同事看来，可欣定然不能容忍这种有辱人格的谣言，肯定会和造谣的一方大动干戈，谁知可欣无动于衷，丝毫没有在意对方对她的诋毁。

有一次，公司遇到了一件极为棘手的事情，谁也不愿出头，公司领导点名可欣，可欣也不负众望，干净利索地解决了问题，为公司挽回了一大笔损失，这让同事们都佩服万分。论功行赏，可欣被提拔为部门经理，直接成了那名造谣同事的顶头上司。

那名同事担心可欣为难她，主动找可欣承认错误。可欣却故作不知地安慰她道："你不说我也不知道，说了我也不会放在心上，安心工作，其他别多想。"

同事听了，满面羞愧地退了出去。

案例中的可欣，显然是一个富有智慧的女性，面对人身攻击，她故作糊涂，视而不见，不仅避免了一场无谓的争执，还为自己树立了好人缘。

做人糊涂一点，看似受了委屈，其实并没有吃亏。生活中，和家人糊涂一点，家庭关系便会温馨幸福；和朋友糊涂一点，友谊才能长长久久；和同事糊涂一点，人际关系也会更加和谐轻松。

怎样做好一个"糊涂"的人呢

糊涂，是人生难得的大智慧、大气度，简单做人，简单做事，遇事不急，逢人不恼。

然而有人会问：难得糊涂，糊涂难得，怎样才能做一个聪明的"糊涂人"呢？

1.揣着明白装糊涂

在人际关系中，很多时候，我们不妨"揣着明白装糊涂"。

别人有短处，我们不去主动说破，避免让对方恼羞成怒；公共场合，对方做出一些尴尬的事情，不要故作聪明指出来，免得对方难堪。有些事情，知道可以，但不要说出来，更不能四处张扬。

2.耳朵"聋一些"，脸皮"厚一些"

有些人，看不惯，有些事，听不惯，我们就不妨"睁一只眼闭一只眼"，让耳朵"聋一些"，何必非要较真呢？

比如在家庭生活中，对待父母妻儿子女，多去包容他们的缺点，适当糊涂一些。尤其是那些鸡毛蒜皮的琐事，更不必太计较，脸皮厚一些，矛盾纠纷也就消弭无形了。

3.小事糊涂，大事精明

糊涂，并不是让我们傻到缺心眼。对待小事情、小矛盾，心胸不妨宽广一些，笑一笑随它去。

然而，在事关底线和原则的大是大非面前，就绝对不能含糊，一定要据理力争，坚持原则底线不放松。

世人笑我太疯癫，我笑世人看不穿。该糊涂的时候糊涂，该明白的时候明白，做好一个明白的糊涂人，人生就会幸福很多，快乐很多。

不自寻烦恼，更轻松自在

烦恼，大多是自找的

"天下本无事，庸人自扰之。"这句古语极富哲理。这个世界上，原本没有那么多值得我们烦恼的人和事，然而在很多时候，我们偏偏要自寻烦恼。

身边的朋友过得比我们好，我们看到后，心生嫉妒，暗暗和自己生气，一副不快乐的样子；工作中做错了一件小事情，领导随口批评了几句，就一直耿耿于怀，连续几天愁眉不展。因为放不下，所以我们痛苦纠结。

其实仔细想一想，他人过得好与坏，和我们有什么关系呢？难道影响到我们的生活了吗？领导批评，是鞭策也是鼓励，非要自己和自己生闷气吗？以后改正即可，何必胡思乱想，徒增烦恼呢？

我们要明白的是，大多数时候，烦恼真的是自己主动惹来的，学会放下，才能解脱。

有一位年轻人，常常感到生活不如意，内心烦恼不堪，心想去哪里才能寻求解脱呢？他想到，寺庙里的高僧们大多富有智慧，于是前去拜访。

见到了高僧之后，年轻人如"竹筒倒豆子"一般，喋喋不休地诉说着，抱怨着。

高僧听他说完，笑着问他："这么说，你遇到了很多烦心的事情，想要寻求解脱是不是？"

"是的，大师！我真的是有太多烦恼了，痛苦得快要活不下去了，有什么办法可以让我解脱吗？"年轻人问道。

高僧笑吟吟地道："你一直口口声声说要解脱，那我问你，难道有谁把你手脚给捆住了吗？如果没有，你又何必寻求解脱呢？其实真正捆住你的，是你自己！不去自寻烦恼，你也就得到真正的解脱了。"

高僧一席话，让这位年轻人恍然大悟！

生活中，大多数的烦恼，是我们自找的，自己束缚自己，自己给自己痛苦和压力，看不开荣辱得失，一路羡慕嫉妒恨，负累太多，纠结太多，又怎么会不烦恼呢？

寓言故事"杞人忧天"中那个杞国人，不正是和故事中的那名年轻人很相像吗？原本子虚乌有、天方夜谭的事情，他却煞有介事地大惊小怪，吃不好，睡不着，非要钻进这个"牛角尖"里不出来，这又是何苦呢？

万事只求半称心

唐代有两位高僧的对话极为经典。僧人寒山问拾得："世间谤我、欺我、辱我、笑我、轻我、贱我、恶我、骗我，该如何处之乎？"

拾得回答道："只需忍他、让他、由他、避他、耐他、敬他、不要理他，再待几年，你且看他。"

摆脱烦恼，活得潇洒一点、轻松一点的最佳办法，就是要让自己拥有一个好的心态，凡事看淡一些，看轻一些，即使有遗憾，也不必往心里去。不纠结了，烦恼也就无影无踪了。

去过杭州千年古刹灵隐寺的人们，大多都注意到了寺庙里悬挂着的这样一副对联：人生哪能多如意，万事只求半称心。

事实上也确实如此。我们不妨仔细想一想，看一看，在人的一生中，哪能事事都称心如意呢？想要自己快乐，就不要患上"强迫症"，非要诸事圆满，自然是给自己主动寻找烦恼。

在当代文坛上，钱钟书和杨绛可谓是一对才子佳人，两人琴瑟相和，彼此扶持，走过了幸福的一生。

然而谁又知道，杨绛在嫁给钱钟书之前，家庭生活条件优渥的她，很少去操心柴米油盐上的生活琐事。

但和钱钟书喜结连理之后，为了家庭的生计，杨绛不得不放下富家小姐的身份，操持家务，洗衣做饭。对于前后生活上的落差，杨绛却自感幸福美满。

她在《我们仨》一书中这样写道："得到了爱情未必拥有金钱；获得了金钱未必能拥有快乐；拥有快乐又未必能享受到健康，即便是拥有健康，也未必一切如愿以偿。"

杨绛深知生活的真谛，世上的人和事，哪有那么多十全十美呢？她和钱钟书心有灵犀，志同道合，幸幸福福一辈子，又何必奢求其他、徒增无谓的烦恼呢？假如非要苛求完美，最终只会苦了内心，累了自身，白发烦恼"三千丈"了。

不去自寻烦恼，是积极乐观心态的体现，心境平和从容地接受生活中的种种不完美，顺其自然，哪里还有什么值得我们去烦恼的事情呢？

转角就会遇见幸福

 请放弃那些本就不该坚持的事物

环顾我们的周围，经常听到有人抱怨说："我真的是烦死了，生活糟糕透了。"

"每天忙忙碌碌，不知道究竟忙些什么，这样的日子什么时候是个头呢？"

从这些人的话语中不难看出，在他们的生活中，有太多的不如意，有太多的烦恼，明明知道现在的生活不是他们想要的样子，可是在抱怨之后，还是日复一日重复着这种单调乏味的生活，不知道尝试着学会放弃，放弃那些本就不该坚持的东西。

有一则寓言故事非常有意思。说是一名叫作木叔的人，在南山上开荒种地。

木叔种植庄稼时，把稻谷种在高高的山上，将高粱种在低洼潮湿的山脚下。

有人问他为什么要这样做，木叔振振有词地回答说："稻谷种在山上，可以充分得到阳光的照射，还能减少虫鸟的损害；高粱种在山脚，方便采摘收割。"

人们听了都暗暗好笑，劝说他道："你种反了，稻谷应该种在山脚，方便用水灌溉；高粱种在山上，通风光照足，能有好的收获。"

木叔却认为大家都在欺骗他，不管不顾，依旧按照他自己的想法播种。一年过去了，木叔的粮食收获少得可怜；两年、三年、五年过去了，木叔把种子都赔进去了，都快要没有粮食了。这时他才意识到自己一意孤行的错误，不过为时已晚。

很多时候，生活中那些固执坚持的人，他们的行为举止是不是和寓言故事中的木叔非常相像呢？明明方向错误了，却依然固执己见，不知悔改，非要钻这个"牛角尖"，最后他们的生活自然也就无比糟糕了。

人生在世，往往会遇到很多不如意，此时我们不妨停下脚步，反思一下自我，看一看是不是自己前行的方向错了？如果是，请换一个方向，换一个角度重新出发，不要再愚蠢下去了。要知道，在错误的道路上越是坚持，越是会撞得头破血流。

放下，不是逃避，而是更好地开始

生活的本质，究竟是沉重还是轻松？具体到每个人的感受上，肯定有所不同。其中的原因，就在于人们对待生活的态度不同。

假如我们置身于一个糟糕的生活状态中，感受不到生活的美好，此时正确的做法，就是应当学会放下，早日摆脱那些带给我们烦恼的人和事。一身轻松的我们，在转角处，就能等来自我渴望已久的幸福。

方辉在一家企业工作七八年了，公司里死气沉沉的工作氛围让他倍感压抑，几次他想要提出离职申请，然而到最后，为了养家糊口，他又不得不和现实妥协。倍感痛苦、身心俱疲的他，苦恼万分，不知道该何去何从。

一次聚餐，方辉将心声和好朋友倾诉了一番。他告诉朋友，在这家公司里面工作，根本看不到未来，人际关系糟糕不说，公司领导也缺乏进取心，过一天算一天，难道自己的一生就要这样浪费下去吗？

朋友听了后问他："既然如此，你为什么不离职，选择你喜爱的行业拼搏一下呢？"

方辉回答说："公司离家近，收入上也说得过去，再说这么多年，他习惯了按部就班的生活，缺乏破旧立新的勇气。"

朋友思索了一下，鼓励他道："显然你不喜欢现在的工作状态，那就不妨下定决心放弃。你还年轻，未来还很长，在这里面虚度光阴，确实是一种浪费。这几天，你不妨好好规划一下自己的人生，喜欢什么，想要追求什么，向着这个目标努力，一定会有很大的改观。"

朋友的话，让方辉确实心动了。回去后，他认真思考了几天，终于果断离职。他计算机水平不错，热爱软件开发，于是联合几个志同道合的伙伴，开始了艰苦的创业历程。

经过几年的打拼，方辉在本地软件开发行业站稳了脚跟，公司的发展也蒸蒸日上。此时的方辉，一改往日消沉颓废的状态，整个人也走向了新的美好未来，变得意气风发起来。

从方辉的人生故事中不难看出，当我们遭遇人生的瓶颈，很难再有所突破的时候；或者在一片泥沼般的生活状态中苦苦挣扎，失去了生活的快乐，疲惫不堪的时候，我们不如勇敢地挥手和过去告别，放下旧烦恼，迎接新生活。

学会放下，一觉醒来，又是崭新的一天，阳光明媚，鸟语花香，昨日的风和雨，早已烟消云散。

学会放下，并非逃避，而是换一个角度，换一个方向，或者是换一种心情，重新出发，洗涤了心灵，轻松了身体，相信在转角处，一定能遇到自己想要的美好与幸福。

　　在自我成长过程中，阳光心态是第一，那么什么才是阳光心态的表现呢？一是不患得患失，懂得知足常乐的道理，满足是快乐的源泉；二是努力向前看，相信光明美好的未来一定在不远的前方；三是不要自寻烦恼，适当学习"难得糊涂"的人生智慧。

第六章

驾驭情绪，
成就美好人生

身边无数人的事例告诉我们，一个人，有什么样的情绪，就拥有什么样的人生。积极正面的情绪，有助于我们培养阳光乐观的心态，在这种心态的引导下，我们心怀希望，做事认真努力，进而一步步实现人生的理想。反观负面情绪爆棚的人，一生都将在抱怨、蹉跎中度过。因此，学会驾驭自我的情绪，成为情绪的主人，也就能在一定程度上掌控自己的人生发展方向。

　情绪管理成就更好的自己

不拿别人的错误来惩罚自己

用别人的错误来惩罚自己，愚蠢至极

经常听到人们抱怨说："我活得非常累。"询问里面的原因，他们的回答很让人意外，因为他们看不惯某些人、某些事，心里面如同被扎上了一根刺一般不舒服，看到对方就会心烦意乱，始终不能让自己释怀。

清楚了里面的原因，不由让人哑然失笑，拿别人的错误来惩罚自己，怪不得他们活得那样累，这就是典型的自寻烦恼。

人世间，聪明的人从不会拿别人的错误来惩罚自己，如果纠结其中，耿耿于怀，我们从中又能得到什么呢？自然是什么都没有得到，伤了身，劳了神，还惹了一肚子的牢骚，这又是何苦呢？

古时候有两个和尚，一个师兄，一个师弟，一起外出化缘。当他们经过一处村庄时，看到一条恶狗正要撕咬一名小男孩，小男孩被吓得哇哇大哭，师兄看到了之后，赶忙上前救下男孩，但恶狗依然不依不饶，疯狂攻击，师兄只好出手将它打死了。

师弟看到师兄的举动之后，心里面非常不舒服。原来师傅平时一直教导他们，出家人应以慈悲为怀，切不可乱开杀戒。恶狗威胁到了小男孩，师兄将它赶走就行了，为什么要开杀戒，将那条狗杀死呢？

师弟越想越不解，越想越气愤难当，两人一直走了好几里路，师兄依旧沉默不语，没有给他一个合理的解释。师弟实在忍不住了，气呼呼地质问师兄说："师兄，平时师傅一直告诫我们不可随意杀生，你看你，为什么非要打死那条狗呢？"

师兄听了，微微笑着说道："我早就放下这件事情了，怎么走了几里路，你还是放下不这个心结呢？恶狗伤人，我出手相救，那畜生还依旧不依不饶，不除掉它，会有更多的人受到它的伤害，如果是你，还有更好的选择吗？"

这则故事富含哲理。在师兄眼里，虽然自己犯了杀戒，然而他这样做，是为了避免更大的伤害，所以在他心中，自然就没有了什么杀生的念头。然而，在固执的师弟眼里，师兄就是犯了佛门不可饶恕的错误，他不能原谅师兄，一路上气愤难耐。

拿别人的错误来惩罚自己，是一种消极人格的体现，这种行为举动，自然是极其愚蠢的。

不值得为别人的错误"买单"，珍惜当下

我们应当记住的是，当别人犯了错误时，我们不仅不能为他们的错误"买单"，还要放下思想包袱，轻装上阵，去活出更为精彩的自己。

杜丽结婚不到一年，丈夫便移情别恋，然后以感情不和为借口，强行和杜丽离婚。

结束了第一场婚姻之后，杜丽对丈夫自然是怨恨万分。如果谁在她面前提到前夫，杜丽就会咬牙切齿地咒骂。

杜丽的亲朋好友看到她如此痛苦，就想要帮助她，让她早日走出这段灰暗的日子，他们热心地牵线搭桥，四处物色条件合适的男子，希望杜丽重新开始一段感情生活。

哪知杜丽面对亲朋好友的热心肠，一概回绝，表示自己这一辈子都不会再结婚了，自己一个人过也挺好。

大家都知道杜丽还沉浸在前夫带来的伤害和悲痛中不能自拔，虽然这种伤害确实让人心碎，可是一直为别人的错误"买单"，实在是太不值得，他们深知，必须要打开杜丽的这种心结。

这一天，杜丽最好的闺蜜前来劝解杜丽，她话语不多，却直击要害："杜丽，大家都知道你受到了很大的伤害，但是你现在这样封闭自我，折磨自己，假如你前夫看到了，是不是暗自得意呢？再说了，你不能因为一个男人品行上的瑕疵，而将全天下的男人都否定了啊！当务之急，你要学会自我疗伤，积极面对现实，选择一个相爱的人牵

手，只有活出自我的精彩，才是对你前夫的最好回击。"

一句话点醒梦中人。杜丽听了闺蜜的话，顿时大彻大悟，为别人的错误"买单"，真的是又傻又蠢的举动。

所以，无论在任何时候，不管别人的错误是否伤害到了我们，我们都应一笑了之，向前看，前方有更好、更美的人生风景等着我们。

情绪管理成就更好的自己

接受自己的不完美

为何我们喜爱追求完美

如果要问，你喜欢你自己吗？相信每个人都会有各自不同的回答："我不喜欢我自己，个子矮不说，皮肤也好黑，和身边的朋友相比，真是一无是处，实在是太自卑了。"

"为什么我的口才就不行呢？看到陌生人就不敢上前说话，上台演讲也是磕磕巴巴，同事们一个个伶牙俐齿，真是羡慕他们。"

"感觉自己情商不是太高，一开口说话就容易得罪人，什么时候让我拥有一个高情商，做事滴水不漏，做人左右逢源，那真就太好了。"

显然，如果问一百个人，一百个人可能都会对自己不满意、不喜欢，因为和别人相比的话，在自己的身上，总有这样或那样的缺点。因为意识到自身种种的不完美，所以我们常会闷闷不乐。

　　众所周知，真的要以完美的标准去苛求，在这个世界上，恐怕很难找到一个真正完美无缺的人。既然这个道理我们都十分明白，那我们为何难以接受自己的不完美呢？

　　分析里面的原因，主要在于我们太过于追求完美，缺乏自我身份的认同。换句话说，就是不愿意正视自己在现实中的客观状况。比如我们身材不完美，天资有点愚笨，说话办事拖拖拉拉等，当我们面对真实的自己时，第一反应是吹毛求疵，放大这种不完美，想尽办法要将这种不完美给"屏蔽"掉。在这样的一个心理基础上，我们就会产生过度追求完美的行为。

　　如何破除过度追求完美的强迫症呢？其中的关键点是，我们一定要有充分接纳自我的心理准备，看到自身缺点的同时，勇敢地去接纳它，承认自我有不完美的地方。

　　正如有人问人生最大的悲哀是什么一样，人生最大的悲哀不是一无所有，不是不被人所接纳看重，而是自己不能接纳自己，自己嫌弃自己身上的种种不完美，如果真的是那样的话，那才是最大的悲哀。

　　"金无足赤，人无完人。"国学大师季羡林曾这样说过："在这个人世间，每一个人都想要为自己争取一个完满的人生，然而从古至今，没有一个百分之百完美的人生，不完美，才是人生的常态。"

　　人们生活在这个人世间，如果非要时时刻刻、事事处处去苛求所谓的完美，用这种不切实际的想法去要求自我，那么只能让自己背上沉重的思想包袱，负重前行，直到将自己压垮。

所以，我们应当明白的是，在这个世界上，没有事物是完美无缺的，总会存在这样或那样的不完美，缺憾是人生的一种必然，非要以完美来要求自己，只能是徒劳无功，白费力气。

别让完美主义绑架了你的人生

诗人莱昂纳德曾说过："我们即使不够完美又怎样？世间万物皆有裂痕，而正是这种裂痕，才是光能够照射进来的地方。"

莱昂纳德的话语富含哲理，正是我们自身的不完美，才能迎来更多的光和温暖，正如那句广为流传的经典话语一样："上帝为你关上了一扇门，同时也为你打开了一扇窗。"我们不能将目光一直牢牢盯在自身的不完美上，而是要多关注我们值得骄傲的长处和优点，让它们发挥更大的潜能，为我们创造美好的生活。

在一处寺庙里，有一个外形不规则的铁球，说圆不圆，说扁不扁，看着自己丑陋的外形，铁球非常自卑，它恨自己为什么就不能像身边的同伴一样，是一个光滑完美的圆形呢？

有一天，这枚铁球被回炉另造，经过一番熔炼敲打，它终于实现了自己渴望已久的完美圆形，那一刻，它喜极而泣。趁着主人不注意，这枚铁球偷偷溜出了寺庙外，它站在一块大石头上，大声地向着群山呼喊："看看现在的我，多么优雅，多么圆润光滑，接下来，我要开始新生之后的第一场滚坡运动。"

铁球说着，一个转身，就从山顶上滚落了下来。铁球原本想着要好好领略一下沿途的风光，然而光滑圆润的它，一下子就滚到了山坡下，什么风景都没有看到。

铁球突然顿悟了，如果自己还像以前那样圆不圆、扁不扁的话，滚落的速度一定很慢很慢，这样它就能很好地欣赏周围的美丽风光了。可是现在它太圆了，圆到失去了很多的乐趣。

这则寓言故事告诉我们，我们自认为的缺点，也并非都是缺点；我们自认为的完美，也没有想象中那样美好，千万别让完美主义"绑架"了我们自己。

美国历史上最伟大的总统之一林肯患有口吃的毛病，著名的数学家约翰·纳什一直被精神分裂症所困扰，世界音乐大师贝多芬生前饱受耳聋的折磨。这些历史名人，难道他们都拥有完美的自我吗？显然没有，虽然他们有这样或那样的不完美，但丝毫没有影响到他们在世人心目中的重要地位。

诚然，我们虽然不完美，但是在人生发展的长河中，这并没有什么大不了的，我们完全可以通过智慧的增长和人生经验的积累，来不断地完善自我，发展自我，最终成就自我。想一想，是不是这样的一个道理呢？

从容淡定，好情绪会自然而来

 为何我们很难做到从容淡定

如果要问，人们最好的情绪状态是什么？相信大家一定会不假思索地脱口而出："当然是高兴、喜悦、兴奋、激动这些情绪表现了，心情愉快，精神振奋，难道不是最好的情绪状态吗？"

其实不然，公允地说，人们最好的情绪状态是从容淡定。拥有从容淡定的心境，我们才能优雅自信地工作生活，才能心平气和地处理矛盾纠纷，也才能在遇到棘手的问题时，镇定自若、不疾不徐地将问题有条不紊地处理好。可以说，从容淡定，是我们一切好情绪产生的

"源泉"，拥有这种美好的心境，我们就将能免受诸多负面情绪的干扰与折磨了。

然而问题是，在实际生活中，我们为何很难做到从容淡定呢？一点小事，都能点燃我们内心的熊熊怒火，让负面情绪将我们团团包围。

比如在交通拥堵的时候，我们自身本就心情烦躁，后面有些心急的司机，明知前面堵得走不了，偏偏使劲地按喇叭，这种行为自然让我们也随之暴怒起来，恨不得下车当场和对方好好理论一番。

在超市里买东西，结账排队，突然有一个不自觉的人，不打招呼便插到了自己的前面，还一副洋洋得意的样子，这种嚣张的行为，有几个人能够忍得住这口气呢？

凡此种种，任何一种让我们感到不痛快的情景，都极易引发我们的负面情绪，想要做到从容淡定，以心平气和的态度和对方沟通交流，很难做得到。因为这时的我们，有无数个理由来为自己当下的负面情绪"辩解"。

由此，冲动易怒的我们，在盛怒之下，做出了种种不理智的行为，然而到了事后，我们又为此后悔万分，懊恼自己为何在当时不能再多一点冷静呢？退一步海阔天空，非要争个你死我活，比一个高下输赢，最终的结果只会是两败俱伤，得不偿失。

情绪管理成就更好的自己

修炼淡定从容的心境，让好情绪不请自来

显然，在现实生活中，我们不是不明白从容淡定的好处，也想冷静自制，将矛盾纠纷优雅地化解于无形，可是我们的"小宇宙"却极易被种种恼人的琐事引爆。如果按照这样的一个逻辑关系推理下去，难道问题真的无解了吗？非要让我们走入被负面情绪控制的那种不理智的"死胡同"吗？其实不然，修炼淡定从容的心境，也并非如想象中那样困难。

1.懂得"吃亏是福"的道理

懂得"吃亏是福"的道理，对于淡定从容心境的修炼，有着莫大的益处。生活中，有些人太爱占便宜，遇见蝇头小利，也非要斤斤计较，甚而不惜大动干戈。

实际上，你越是太计较自身的得失和付出，最终就越是什么也得不到。因此，我们一方面要避免成为这种爱计较的人，另一方面遇到这一类人时，不妨退让一步，让他们占一点便宜又何妨？想通了这个道理，我们的心境自然就会平和下来，不至于将自我降低到和对方一个档次的水平上。

2. 学会放空自我

当今社会，是一个快节奏、生活压力大、工作强度大的时代。很多人为了生存和生活，在其中挣扎拼搏，繁忙的工作，劳累的身心，常让自我筋疲力尽，在这种生活状态下，自然很难做到淡定从容。

解决的办法其实很简单，在工作之余，不如学会去放空自我。比如放下手头的项目，陪伴家人打扫一下卫生，到厨房露一手美食绝艺；或者是外出旅游，让大自然的美景滋润我们干枯的心灵。一旦学会了放空自我，就能慢慢地培养出淡定从容的心境。

3. 看淡名利得失

生活中有这样一部分人，太注重名利的追求和得失，将名利视为一切。为了达到这一目的，他们不惜戴上虚伪的面具，和周围的人钩心斗角，尔虞我诈。试想，名利心如此重的人，又如何能够修炼出淡定从容的心境呢？

因此，我们要时时告诫自己，不要太痴迷于对名利的追求，生活中还有很多美好的事物等着我们去发现、去享受。人要为自己而活，活出真实的自我，而不是为了名利而活。

4. 学会接纳负面情绪

道理说了千千万，然而在实际生活中，我们有时依旧会为一些琐

情绪管理成就更好的自己

事而大动肝火，无形中就被负面情绪包围了。

这个时候，我们也不要太过于压抑自我的负面情绪，应当适当允许一定负面情绪的存在。发怒归发怒，该冷静时也要冷静，等我们的怒火有了一个合理的宣泄渠道之后，反而有助于心灵逐步平和下来。

从容淡定心态的修炼，是一种对心境的磨炼过程，做到宠辱不惊，不为世事变动而躁动时，好的情绪，自能常伴你的左右。

怀揣感恩之心，生活中的阴暗自会消散

别让自己变成一个冷漠的人

"受人滴水之恩，当涌泉相报。"知恩图报，常怀感恩心理，是中华民族的优良传统美德，也是一个人品行和素养的集中体现。

清晨，走在干净整洁的城市街头，我们是否想到，当大多数人还沉浸在温暖的梦乡里时，环卫工人们凌晨四五点就要走出家门，夏天忍受热浪，冬天和严寒相抗，才让这个城市保持清爽的面貌。

热衷网上购物，足不出户，便可享受快捷的物流服务，我们应当感谢千千万万快递小哥辛勤的付出。

当莘莘学子坐在宽敞明亮的教室里，安静地读书学习，是否意识到，今天的和平安宁，离不开无数保家卫国戍边战士的辛劳，他们为我们撑起了一片安稳的天空。

人类繁衍至今，小到饮食起居，大到安全稳定，宁静温馨、幸福安康的背后，是我们身边的亲人，以及那些未知名姓的陌生人共同呵护努力的结果。对于他们，我们应当怀有感恩的心理，说一声谢谢！

然而，也有这样的一些人，他们无视他人的劳动成果，心安理得地享受着一切，不仅没有任何感恩的心理，反而还会落井下石，恩将仇报，其行径令人不齿。

《红楼梦》里面的贾雨村，落魄时受到甄士隐倾囊相助，希望他的才华不被埋没；被贬官后，林黛玉的父亲林如海，也积极为他出头，请贾政从中帮忙。

但最后的结果是什么呢？等到贾雨村真的飞黄腾达之后，面对甄士隐落难的女儿，他视而不见；贾府衰败后，他也跟着踩上一脚。贾雨村的所作所为，体现了他丝毫没有感恩的心理，也从侧面反映出他只知钻营，心态阴暗消极的小人嘴脸。

同理，寓言故事中《农夫和蛇》中的那条蛇，苏醒后对救命恩人反咬一口的行为，也是对现实生活的一种折射，深刻批判了那些以怨报德的一类人。

世间唯一不可辜负的，正是在感恩心态下人们身上所展露出来的那种善心善念，这份善良，却是不懂得感恩之人身上最为缺乏的品行。

当我们拥有一颗感恩的心时，处处都能感受到阳光的明媚，世间万物，投射到我们眼中，都是一片生机盎然的景象；反之，不懂感恩的人，内心满是怨恨与仇视，触目所见，皆是冰冷与灰暗的色彩，一身消极负面情绪。

所以，任何时候，请记住，别让我们成为不懂感恩的冷漠者。

心怀感恩，阴暗的生活也布满阳光

英国著名作家威廉·梅克比斯·萨克雷曾说过这样一句话："生活就好似一面镜子，你笑，它也笑；你哭，它也哭。如果你感谢生活的话，生活将给予你灿烂的阳光。你不懂得感谢，只知一味地怨天尤人，最终可能一无所有。"

萨克雷的话语，道出了感恩和自我心境之间的密切关系。懂得感恩的人，他们即使身处逆境之中，也始终对生活充满热爱，心态积极阳光，在人生的道路上，始终能做到奋勇前行。

当代最伟大的物理学家霍金，他的人生命运可谓坎坷波折。青年时代，他就患上了类似肌肉萎缩的"渐冻症"，随着时间的推移，躯体一步步僵化生硬，坐在轮椅上的他，最后身体上能够活动的器官，只剩下眼球了。

即使如此，霍金对生活依旧充满了感恩之心，他在一次演讲中动情地说道："现在我的手指还能活动，我的大脑还可以不停地思索；我有终生追求的理想，我有爱我和我爱着的亲人和朋友。对了，我还有一颗感恩的心。"

在无情的命运大手捉弄下，在残酷病魔的不公对待下，心怀感恩的霍金，并没有丧失对生活的希望，在常人难以想象的坚强意志支撑下，他沉浸在奇妙的物理学海洋中，孜孜不倦地探索着璀璨的宇宙星空，达到了常人难以企及的物理学研究高度。

诚然，他也许是这个世界上最不自由的一个人了，有炙热的生命追求，却被一个小小的轮椅困锁了一生。然而，在另一方面，他又是这个世界上最自由的人，他的思想神游万里，遥接古今，成为二十一世纪物理学领域最为耀眼的那颗星辰。

爱因斯坦也曾说过："在生命中的每一天，我都要时时地提醒自己，我的内心和外在的生活，都是建立在其他人劳动的基础之上。我必须拼尽全力，像我曾经得到的和正在得到的那样，做出同样的贡献。"

无论是霍金还是爱因斯坦，他们为何都能取得如此伟大的成就呢？除去个人的天赋之外，心怀感恩，心态积极，热爱这世间的美好，自然也是他们获得成功最为重要的因素之一。

你若感恩，生活处处都是美好；你若恨意满满，人生将因自我昏暗的心态了无生趣。

所以，请懂得感恩，学会感恩，用感恩这种正向的精神力量，来滋润我们的人生。

包容他人就是善待自己

 与人宽容和善相处，成就自我

有一句古话富含深刻的哲理："自出洞来无敌手，得饶人处且饶人。"

得饶人处且饶人，是人性深处一个耀眼的闪光点。生活中，与人相处，包容是人际关系最好的润滑剂，无数矛盾纠纷，就因有了包容之心，宽容之举，最终都化干戈为玉帛，云淡风轻去了。

但在我们身边，也常会遇到那些咄咄逼人、斤斤计较的人，他们在遭遇不顺心的事情时，非要和对方论个输赢，没理占三分，有理不饶人。

显而易见的是，这一类行为刻薄的人，表面上看似暂时占据了上风，得了便宜之后一副春风得意的样子，实际上，他们并没有"赢"，反而是在以后人生发展的道路上，输得很彻底，输到没朋友。

遇事要宽容，待人要包容，与人和善相处，必将成就自我，发展自我。

宋仁宗是北宋第四位皇帝，为人宽容有雅量。有一次，宋仁宗上朝时，群臣因为一件政事展开了激烈的争论。

在众位大臣里面，急于表达自己观点的包拯，情绪激动，口若悬河、滔滔不绝地向宋仁宗阐述他的观点，也许是说话语速太快了，竟然将唾液喷到了宋仁宗的脸上。如果换作是其他皇帝，自然会勃然大怒，可能会治包拯一个不敬之罪。

但宽和的宋仁宗，只是轻轻地将喷到脸上的唾液擦掉，尔后继续耐心地聆听包拯的话。其他大臣见状，心里面都为包拯暗暗捏了一把汗，然而直到朝会结束，宋仁宗也始终没有就此责怪包拯。他的大度和包容，让群臣无不钦佩万分。

宋仁宗的这种容人之量，并不是伪装出来的，在他执政的四十余年时间里，一直能够做到礼敬大臣，爱戴民众，正因他这种宽仁的治国理念，才使得当时涌现出了诸如包拯、范仲淹、欧阳修、苏洵等一大批正直的大臣，而宋仁宗自己，在历史上也被史学家评为最宽仁的帝王之一。

由此可知，包容，是一种柔和的力量，令人如沐春风，在成功化解矛盾纠纷的前提下，既获得了他人的尊敬与支持，也在无形中成就了自我。

齐铭是一家公司的老板，平日为人和善，待人宽厚，深得员工的喜爱。

有一次，他的公司招聘了一名叫晓亮的新员工。晓亮为人聪明，头脑机敏，专业理论知识也非常扎实。齐铭对他非常不错，一直将他当作公司的骨干加以培养。

谁知一年之后，掌握了公司大部分核心技术的晓亮，突然向齐铭提出离职申请。齐铭很是惊讶，感觉是不是哪里得罪了他。谁知经过一番深入的谈话之后，晓亮也惭愧地说："齐总，不是我觉得公司不好，公司各方面对我都非常不错，只是业内有一家企业，急需骨干力量，私底下找了我几次，并开出数倍的高薪，利诱我跳槽，我也急需养家糊口，因此就答应了对方，如果齐总真的不放我走，我可以考虑留下来。"

换作一般老总，属下掌握了技术，就想着跳槽，当即就会拿出商业合同要求索赔，至少必须保证对方不能将公司的核心技术外泄，否则涉嫌盗窃商业机密。然而，齐铭胸怀宽广，他在沉思了片刻之后，对晓亮说："人往高处走，既然你已经下定了决心，我也不会阻拦你，假如将来你想要回来，公司随时欢迎你。"

如此有包容心的齐铭，让晓亮也极为感动。虽然他离开了齐铭的公司，但只要齐铭有需要他出力的地方，晓亮也义不容辞地竭尽所能。而齐铭的公司，并没有因为一个骨干的流失而出现危机，生意反倒是蒸蒸日上，红红火火。

案例中的齐铭，有容人之量，他坦荡宽和的行事作风，赢得了员工们的一致尊重和爱戴，在成就别人的同时，也成就了自己。

情绪管理成就更好的自己

做到包容并不难

大文豪雨果曾说过："世界上最宽阔的是海洋，比海洋更宽阔的是天空，比天空更宽阔的是人的胸怀！"

事实也确实如此。对待他人能够有包容之心，就是在善待自我，成就自我；反之，对人对事睚眦必报，自然是在为自我制造困顿的"枷锁"。当我们明白了这样的一个道理之后，又该如何做到包容呢？

1. 学会退让

人际关系中，最怕锱铢必较。双方谁也不肯退让，最终必然会两败俱伤。因此，我们在和他人相处时，要懂得退让，时时以谦和礼让的品行来要求自我。

俗话说：退一步海阔天空。在为人处世中，何必咄咄逼人呢？很多时候，我们主动礼让对方，自然就能赢得对方的谅解，让我们的人际关系更加和谐。

2. 不轻易抱怨他人，指责他人

每个人身上，包括我们自己在内，都或多或少存在着这样或那样的缺点与不足。和人相处，主要看对方大的品行和优点，只要大德不亏，其他一些小缺点都可以包容。

有时即使对方犯了一些小错误，在做到不伤害对方自尊心的前提下，可以采用温和的方式加以委婉提醒，切忌当众指责抱怨，让对方下不来台。

3. 遇事三思冷静，弄清原委再做决定

包容他人，还有一个非常关键的地方，就是一旦遇到暂时弄不清事情真实原因的时候，要冷静再冷静，切莫随意指责当事人。因为很多时候，真相还未彻底弄清楚，我们先入为主地判断，极易伤害人、得罪人，不如静观其变，待事情水落石出时再做决定，这样做最能折服人心。

情绪管理成就更好的自己

修炼心境，生活处处是美好

心强大了，世界都为你让路

在心理学家眼里，心境是人们自身一种相对比较持久的情绪状态。在特定心境的作用下，会让人们的情感体验，都感染相应的某种情绪色彩。

比如我们有一个好的心境，情绪在这种好心境的催化下，会表现出积极乐观、从容平和的色彩，也让我们自身洋溢着朝气和活力的气息。反之，坏的心境，让人易焦虑紧张、冲动暴躁。所以，千万不可忽视心境的作用，它和人的情绪状态紧密相关。

人们常说，人生是一场修行。那么，修行什么呢？这句话的意思主要是说，人在修行时，重在修心，这才是所谓修行最为关键的地方。修炼出一个好心境，不以物喜，不以己悲，看淡荣辱得失，当自我的"心"强大了，人间呈现在我们眼里，便处处都是美好了。

有一个青年，爬山的时候不小心摔断了腿，在家卧床半年。

卧床期间，青年的心态非常糟糕，埋怨自己为什么那么倒霉，爬山游玩还能让腿骨折，真是喝口凉水都塞牙。而且因为骨折，失去了工作的他，情绪变得越来越暴躁。

有好多次，母亲给他做好饭菜，青年各种不满意，不是嫌弃饭菜热了、凉了，就是抱怨不可口，其实就是借故发脾气。

有一天，青年的父亲从外面回来，默默地把儿子搬到轮椅上，推着出门，走了一段路，来到了一处偏僻的街角，这里有几间低矮的门面房，一个老人正在门口给顾客修理自行车。

青年一开始不知道父亲的用意，他疑惑地顺着父亲手指的方向看去，这才看到眼前的一位老人，他左手和左脚用不上力，全靠右手右脚翻转车辆，扒胎补气。有时螺丝刀没地方放，他直接用牙咬着，省得费力弯腰再从地上拿取。

父亲在一旁说道："这位老人和一个傻儿子相依为命，常年以修车为生。去年老人得了脑梗，导致左半边身体行动不便，然而他出院后，为了生活，克服常人难以想象的困难，依靠能够活动的右半边身子，继续做起老本行。助力车太重，他没有力气翻动，只能接修理轻便自行车的小活干。"

说到这里，父亲询问儿子："你这点伤，有这位老人严重吗？"

无比震惊的青年，眼里噙着泪水，轻轻地摇了摇头。

"即使这样，老人还要养活一个没有生活能力的傻儿子，可是你，有父母给你洗衣做饭，你只管安心养伤，这点小小的挫折，值得你自暴自弃吗？"

父亲的话语，让青年顿时惭愧万分。是啊，和老人相比，他这点伤算什么呢？自己为什么这么脆弱呢？显然，问题就出在自我的心境上面。没有一颗强大的内心，动不动就怨天尤人，他又如何能振作起来，在和命运的搏斗中，发现生活中的美好呢？

正如故事中的老人，凭借坚强的意志力，他活成了别人眼中励志的风景。在生活的磨难面前，他负重前行，用一颗强大的心，逼得世界都为他让路。

好心境，请修炼两种好心性

好的心境，和好的心性分不开。心态浮躁，又怎么能保持心境平和呢？因此，修炼好心境，从修炼好心性开始。

1. 心要静

步履匆匆、忙忙碌碌的生活，是不是让我们感到心浮气躁？对名利的渴望，又是否让我们的内心充满了焦虑和患得患失呢？因为心性不静，身边那些美好的事物，就这样被我们忽略了。

一个人要去参加一场婚礼，走到半路的时候，车子出现了故障。周围前不着村，后不着店，自然找不到维修的地方。打了救援电话，算下时间，估摸着就是车子修好了，婚礼也结束了。急也没有用，这个人索性静下心来，四处走走看看，这才发现四周茂林修竹，景色宜人，他不由心生感慨，平时总是太匆忙，心态焦虑浮躁，却忘记了身边有如此美好的风景。

在忙碌的社会里，适当让自己慢下来，修养宁静的心性，你定会发现造物之美。

2. 心要净

心净，不同于心静。心静，是让心态平和从容淡定下来；心净，是要做到心灵无尘，无杂念，无挂碍。

有一名商人得到了一块大钻石，但钻石的瑕疵是不太规则，如果好好切割修饰，也能卖上好价钱。

商人带着钻石，四处寻找切割大师。无一例外，大家都拒绝了他。原因是钻石太昂贵，怕切割坏了赔偿不起。

焦急的商人，最后找到了一名经验丰富的切割大师，恳求他无论如何都要帮帮忙。这名切割大师思索了一下，随口叫来一名年轻人。年轻人拿起钻石，干净利索地完成了工作，切割后的钻石让商人非常满意。

"太谢谢您了，我想您一定是手艺高超的大师级人物。"商人对年轻人说。

年轻人一脸茫然，道："我才来这里半年时间，刚出师罢了。"

看到这里，我们是否从中悟出了什么道理呢？在切割大师眼里，钻石太珍贵，心理上自然战战兢兢，心态不稳，就很难切得好。而年轻人就不同了，什么都不知道，就当作日常切割中很平常的一件事来做，心无杂念，下刀时自然就能"稳准狠"了。

现实生活中，又何尝不是如此呢？内心清净，没有枷锁的束缚，保持一颗平常心，自能培养出淡然的心态。

丰富自我，人生更有目标

丰富自我，请别失去自我

如果谈及己身，人这一生，最担心的是什么呢？是贫穷吗？不是，只要有勤奋的双手，不偷懒，不懈怠，我们一定可以开创属于自我的财富。是挫折和困难吗？显然也不是，很多经历了人生困境的人，反而会去感谢生活的磨难让他们拥有了稳重成熟的心境。

其实说到人最担心的问题，关键在于没有意识到丰富自我的重要性。任何时候都要记住的是，要不断地提高自我，充实自我，这对于自我的人生成长至关重要。

情绪管理成就更好的自己

问题是，丰富自我，为什么对个体人生的成长这么重要呢？

花园里，有一只小花猫孤零零的，它渴望得到朋友的温暖，和它们在一起玩耍。不过很快，它看到不远处有一群小猫，样子和它一样大小，小花猫高兴地跑了过去，打招呼说："伙伴们，我们一起玩耍好吗？"

群猫看了看小花猫，都不理不睬的。小花猫连着请求了几次，才有一只小黑猫站出来，神态倨傲地问道："你都有什么本领呢？会逮老鼠吗？"

小花猫摇摇头说："我不会。"

"那你会钓鱼吗？"小黑猫又问。

"也不会。"小花猫有些心虚了。

"那你会爬树掏鸟窝吗？"小黑猫显得有些不耐烦了。

小花猫抬头看了看高耸入云的树干，胆怯地摇了摇头。

"你什么都不会，一个小笨瓜，和我们玩不到一起，等你长本领了，再来找我们玩好了。"说着，小黑猫领着小猫们一溜烟跑掉了。

小花猫委屈地站在原地，伤心极了。当猫妈妈过来寻找小花猫回家时，小花猫眼泪汪汪地述说了事情的经过，询问妈妈为什么大家都不愿意和它玩。

猫妈妈亲昵地摸了摸小花猫的头，语重心长地告诉它："孩子，你什么都不会，人家当然不乐意带你玩了，你以后要好好跟着妈妈学本领，等你强大了，小伙伴便都会主动和你亲近了。"

虽然这是一篇短小的寓言故事，但其中蕴含着深刻的人生道理。想一想，在生活中，我们为什么没有朋友？为何又总是受人歧视？甚至不惜放弃自我，不顾尊严、费尽心机地去讨好对方，却依然是被拒之千里之外呢？

其中的关键因素，就在于我们没有意识到丰富自我、强大自我的重要性，只知一味地羡慕别人、欣赏别人、讨好别人，却忘记了丰富自我。没有学识、没有才华、没有能力的我们，又如何会让他人愿意同我们走在一起呢？

我国获得医学诺贝尔奖的屠呦呦女士，曾说过一句话，话语的大意是说，不要去刻意浪费时间追一匹马，如果用追马的时间用来种草，待春暖花开时，自然能吸引一批骏马过来供你选择。

屠呦呦话语里的意思是什么呢？人生在世，要活在自我的节奏里，不去羡慕谁，也不去嫉妒谁，丰富自我，做好自我，你若精彩，天自安排！

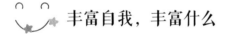 ## 丰富自我，丰富什么

1. 丰富自我的知识

明代大学士解缙曾写过这样的一个对子："墙上芦苇，头重脚轻根底浅；山间竹笋，嘴尖皮厚腹中空。"解缙话语的意思不难理解，一个人，无论在任何时候，都应让自己有一定的才华和能力，否则就只能像墙上的芦苇、山中的竹笋一般，没有根基，没有真才实学，只是一副好看的皮囊罢了，经不起生活实践的检验。

情绪管理成就更好的自己

因此，丰富自我，首先从丰富自我的学识开始，认真读书学习，努力钻研专业技术，任何时候都要告诉自己不可懈怠。尤其在当今这样一个知识不断迭代的社会里，一时的学历仅仅代表了我们的过去，唯有持续不断地学习，用知识来"武装"我们的大脑，才能创造更好的未来。

观察身边那些出类拔萃的人士，和他们相比，我们终将会发现，人生拼搏到最后，只有那些坚持不懈、不断学习的人，才是人生最大的胜利者。

2. 丰富我们的见识

身边优秀的人士，无一例外都有这样一些特征：胸襟开阔，举止优雅，一言一行雍容大度。其中的原因是什么呢？原因就在于他们拥有丰富的见识，见惯了大风大浪，格局大了，心胸气度以及做人的境界都将得到极大的提升。

读万卷书，行万里路。人生就是一个不断增进自我见识的过程，见天高海阔，见众生辛劳，见异域风土人情。通过自我见闻的增长，我们必将走出自我那片狭小的方寸之地，曾经那些鸡毛蒜皮的小事，此时倍觉可笑。

尤为重要的是，随着自我见识的增长，我们将更能明白人活着真正的意义是什么；我们应当取舍什么，追求什么，实现什么。丰富了自我之后，被大格局、大胸襟、大气度浸润的我们，自然会笃定地认为，为了梦想而奋斗，才是人生的终极目标。

借助自然的力量，唤醒好情绪

你了解大自然的奇妙之处吗

大家都经常谈论大自然，那大自然究竟是什么呢？

其实这个问题并不难，大自然是广阔的天地，是"万类霜天竞自由"的苍穹，是浩瀚无垠的星辰大海。换句话说，外界的一草一木、一花一鸟、一虫一鱼，无一不是能够包容万物的大自然。

从人类的天性上看，每个人都无比热爱大自然，渴望能够自由自在地拥抱大自然，置身于广阔的天地中，畅快地呼吸玩乐，这种身心彻底放松的感觉，总让人倍觉美好。

亲近大自然，或许是人类本能的自然反应。但我们是否有过进一步的思考，为什么我们如此热爱大自然中的阳光与风景呢？风吟虫鸣，峰峦松涛，乃至长河落日，大漠孤烟，为何都能令人不由沉醉于其中呢？

其实这一切，都是大自然神奇力量的外在体现。当我们沐浴着和煦的阳光，饱览着秀美的壮丽山河时，大自然所蕴含的神奇的力量，将能充分唤醒我们内心最为柔软的部分，我们的伤痛、悲寂等负面情绪，也能够在大自然的抚慰下，渐渐归于平静。

畅销书《瓦尔登湖》的作者梭罗，在他三十岁之前，生活一直坎坎坷坷，波折不断。

工作不顺利不说，昔日的恋人也选择和他分手，唯一可以使他得到心灵慰藉的亲人也离他而去。生活的不幸一个接着一个，命运之神似乎刻意要和他过不去。在一连串的精神打击下，他自己也病倒了，一病就是长达半年的时间。

大病初愈之后，心灰意冷的梭罗索性带着一把斧头，前往瓦尔登湖，他想要避世隐居，终了此生。

一开始，习惯了市井烟火的梭罗，来到这样一个宁静隐秘的地方，确实有些不适应。不过他试着说服自己，试着爱上这难得无人打扰的生活。

每一天，梭罗都早早起床，为最简单的一日三餐忙碌着。不过让他倍感充实的是，简单生活的背后，却潜藏着无数动人的美景。婀娜多姿、翩翩起舞的蝴蝶，在耳畔低吟浅唱的微风，天空中翻飞追逐打闹的小鸟儿……

不知不觉中，梭罗爱上了瓦尔登湖，他也慢慢地从瓦尔登湖这里，获得了一种深沉的力量，独处的他，在享受和灵魂对话的同时，也渐渐地放下了往事的伤痛与执念。那一刻，他获得了新生。

融入大自然，拥抱自然的力量

静下心来仔细想一想：你多久没有去郊野踏青了？多久没有欣赏过嫩绿娇艳的花草了？黎明前雨打梧桐的声音，你又有多久没有静心聆听过了？

你总是抱怨自己忙忙碌碌，身心俱疲；你也总想摆脱焦虑不安、烦躁失眠的负面情绪困扰。可是，心灵每每需要疗伤时，你却将自我封闭在一个狭小的空间里，在钢铁丛林的某一个角落，静坐发呆，独自品味那种被孤立的伤痛。

为什么不遵从内心的召唤，奔向广阔的大自然，拥抱它那神奇柔和的深沉力量呢？如果你想要现在就能够融入大自然，请从这几个方面开始。

其一，在风和日丽的日子里，不妨出去走一走。行走在广阔的天地间，你会感受到大自然温和的力量，这种力量，能够让心灵瞬间平静下来，将扰人的忧愁和烦恼全部驱逐。

其二，唤醒我们的童真童趣。我们越长大，却越孤单，其实问题的原因还是出在我们自己身上。如果被不良情绪包围，请告诉自己，不要远离童真童趣，走出去，看飞燕衔泥、蝼蚁挪窝、鱼儿嬉戏，学会在俗世中放空自我。

其三，学习培养"新朋友"。在花瓶中，放入从野外采摘的一束菊花，静看花开花落；养一对鹦鹉，和这些小精灵对话，学会让生活的节奏慢一点，你会发现哪有那么多恼人的负面情绪呢？

如何驾驭情绪，修炼从容淡定的好心境，开启我们美好的人生？首先要心怀感恩，有感恩的心，生活自然处处充满明媚的阳光；其次是要做到包容，打造和谐的人际关系；最后是学会接受不完美的自我，在正视现实的基础上，努力丰富自我，发展自我。

参考文献

[1] 谷心靖 . 乐观向上的 100 个成长故事 [M]. 长春：吉林大学出版社，2011.

[2] 海蓝博士 . 不完美，才美 [M]. 北京：北京联合出版公司，2015.

[3] 克里斯托弗·肯·吉莫 . 不与自己对抗，你就会更强大 [M]. 李龙，译 . 长春：吉林文史出版社，2012.

[4] 李向峰 . 女人受益一生的心理暗示法 [M]. 北京：中国纺织出版社，2012.

[5] 墨墨 . 让你的情绪不失控 [M]. 延吉：延边大学出版社，2011.

[6] 尼采 . 不疯魔，不尼采：那些说到心坎里的魔力箴言 [M]. 庞小龙，译 . 北京：中国华侨出版社，2014.

[7] 苏自立 . 找回快乐的自己：撬动快乐的 10 个支点 [M]. 广州：广东经济出版社，2015.

[8] 吴娟瑜 . 我们与生俱来的小情绪 [M]. 北京：台海出版社，2019.

[9] 杨宝安 . 透视人心的心理游戏 [M]. 哈尔滨：哈尔滨出版社，2010.

[10] 曾杰 . 情绪自控力 [M]. 南昌：江西人民出版社，2017.

[11] 曾精华，潘志红.用感恩心做人以责任心工作 [M].北京：中国言实出版社，2011.

[12] 张萌.管理好情绪做一个内心强大的自己 [M].长春：吉林文史出版社，2019.

[13] 周慕姿.情绪勒索：那些在伴侣、亲子、职场间，最让人窒息的相处 [M].南京：译林出版社，2018.

[14] 朱莉·卡塔拉诺，亚伦·卡明.情绪管理：管理情绪，而不是被情绪管理 [M].李兰杰，李亮，译.北京：中国青年出版社，2020.